NHK 日本的メディアの内幕

立岩陽一郎

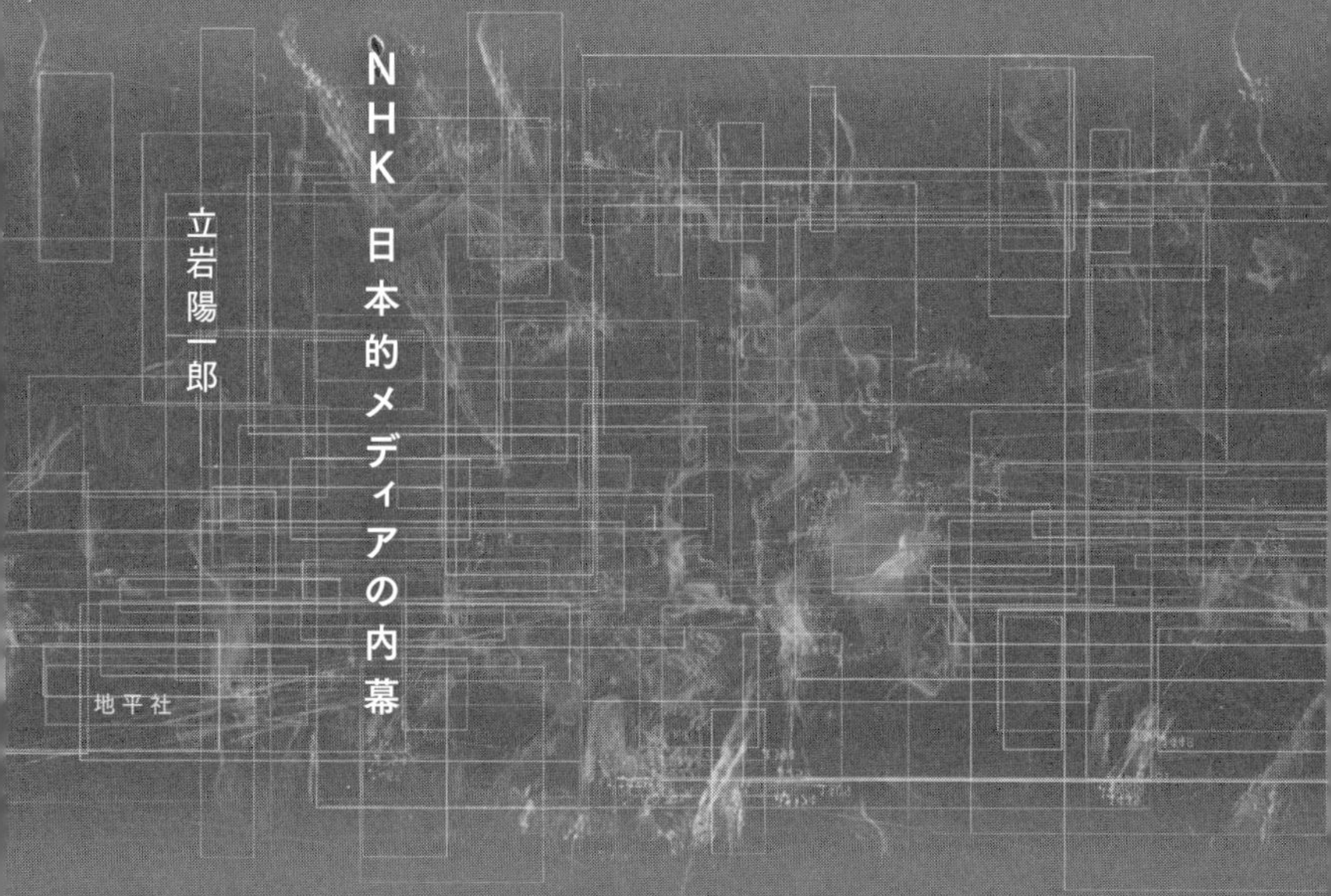

地平社

NHK 日本的メディアの内幕……目次

まえがき……7

第1章――「指南書」問題……19

エースと言われたOBの告白……20／記事を書いた西日本新聞東京支社の記者……24
永田町政治部村の掟……30／ワープロを特定、「ビンゴ」……32／
NHK官邸キャップと対峙する……34／表情が一変したNHKキャップ……36／
難航した記事化……37／自分たちの紙面で書く……39／流れの変化……42／
NHK政治部記者が持つ圧倒的情報量……43／「指南書」問題に関するNHKの見解……46／
NHK政治部にも心ある記者はいる……48／「改めるところは改めるという総括」を……50

第2章――NHK政治部とは何か……53

政治部出身者という存在……54／黒いイメージ……58／官房長官会見でのエピソード……60／
総理番……61／与党取材の拠点は平河クラブ……62／野党クラブと官庁記者クラブ……63／
国会審議を追うのは政治部の仕事……66／普通にやっていてネタとれますか？……70／
時間と距離は反比例する……72／電気椅子……75

第3章――NHKという組織、記者という集団……79

NHKという組織……80／バンセイとホウバン……83／社会部という組織……85／
社会部と政治部は違うのか……90

第4章――NHK理事とは何か……95

局長の上の存在……96／NHKの理事とはどのような存在か……98

第5章――経営委員会とは何か……105

かんぽ報道問題と経営委員会……106／経営委員就任までのいきさつ……108

経営委員の日々の業務……111／最高意思決定機関としての経営委員会……117

経営委員会とは何だ？……119／強化された経営委員会……122／

そして二〇二一年六月一日の国会審議……126

第6章――セイバンという職種……129

政治番組を作るPD集団……130／記者も入れないセイバンの世界……133／

元セイバン幹部が話す「NHKの二つの使命」……138

第7章――NHKにとって「クローズアップ現代」とは……143

「クローズアップ現代」後継番組を検討……144／二〇一六年に番組を刷新して再スタート……145／

NHKは番組の今後に触れず……146／現場で後継番組について議論……148／

後継番組を作るための部局横断プロジェクト……149／

決定していたパイロット版制作メンバー……151／「クローズアップ現代＋」……153

第8章 記者クラブがある巨大メディア……157
NHKの記者会見に私は出る資格がない理由……158／記者クラブに属さない記者は会見に出られない……161／

第9章 佐戸未和さんの過労死……165
隠された過労死……166／国会で事実と異なる答弁……170／遺族と向き合わないNHK……173／調査の実態……175／過労死、再び……178／いま、ご両親が考えること……181／雨に打たれる墓石……188／なぜNHKは調査報告書をまとめられないのか……189

あとがき……195
「指南書」を書いた記者の葬儀……196／GHQが残した記述……198／放送史から見る社団法人日本放送協会との一体性……201／敗戦で「NHK」はNHKになった……204／私のNHK体験から考える……207

まえがき

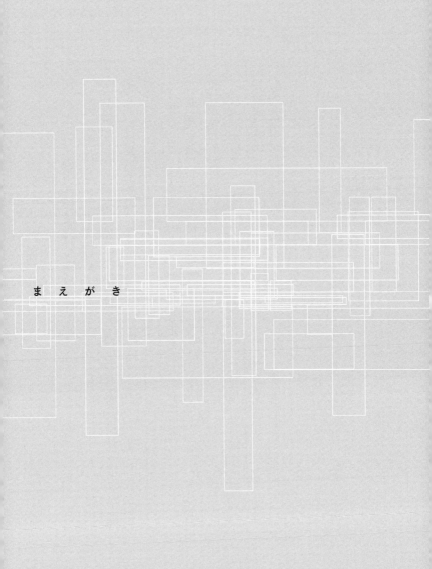

二〇一六年の末、私はＮＨＫ職員を辞めた。

それまでに関わっていたＮＨＫスペシャルなどの番組の制作、放送を終え、年末で職員もさほど多くない渋谷の放送センターで担当者に職員証を返し、隣接するＮＨＫホール側から外に出た私は、渋谷区役所の前で、後ろを振り返ってみた。

「巨大だな」。そう思ったのは、建物の容積をあらためて実感したからだが、二五年間を過ごしたその巨大なメディアを去るにあたって、不思議なほど、特別な感情はわかなかった。

退職については、その年の初めには上司に伝えていた。その後、私が進めていた国際的なプロジェクトである「パナマ文書」報道が動き出したために退職時期を延期していたが、このプロジェクトに関する番組制作なども終わり、その時が来ただけのことだった。

私の退職には、報道のあるべき姿をめぐる衝突といった、なにかドラマチックな出来事があったわけではない。最後の仕事となったＮＨＫスペシャルでは、よく知る仲間と未知の挑戦をさせてもらった。

ただ、あえて退職した理由を探すなら、ＮＨＫに疑問を抱いた具体的な出来事がないわけではない。本書の最初に、それを書き記しておきたい。

二〇〇四年、社会部記者だった私は、アメリカの占領に続いて自衛隊が派遣されていたイラクから隣国のクウェートに戻った。そして戦闘の続く「戦後」のイラクで一緒に行動していた先輩のカメラマンやPD(後述する)を見送り、一人でクウェートに残った。これは私が希望したものだった。まだ自衛隊は活動を続けており、少なくとも取材者として私はその状況を見つづける義務があると感じていたし、それはNHKも理解してくれた。

そもそもこのイラク派遣も私の希望だった。自衛隊が初めて「戦場」に出るイラク派遣をどう取材するか、NHKだけではなく、新聞・通信各社も報道幹部による会議を開き、対応を検討していた。社会部で国会と会計検査院を担当していた私は、早くから現地への派遣を希望していた。

NHKの取材方針がなかなか簡単には決まらない中、当時の社会部長がNHKの社内報に書いたイラク自衛隊取材の記録には、「立岩君が自分を派遣しなければNHKを辞めると言い出し」、それが記者派遣を決めることにつながった、という趣旨の内容が残されている。この部長は人格者として知られた人で、イラクから帰国後にNHKの経営陣と私が衝突する中で私をかばい、そのために体調を崩して倒れ、社会部長の任を途中で離れることになる。その部長が私の思いを汲み取ってくれたことには今も感謝している。その部長の記述に誤りはない。

イラクでの取材は、ただ自衛隊にはりついていただけで、実際のところジャーナリストとして誇れる仕事ではなかった。帰国後に「お前の報道は自衛隊の宣伝でしかなかった」と酷評されもしたが、ここで書いておきたいのはイラク取材の後悔ではない。

イラクの状況が悪化した後、隣国のクウェートに退避し、遠隔で自衛隊を取材していたときのことだ。作家の吉岡忍氏からファックスが届いた。

それは吉岡氏が朝日新聞に書いた文章で、NHKを批判する内容だった。NHKに関する国会の予算審議について、それまでの慣例を破ってNHKが中継しなかったことをめぐって、それは、紅白歌合戦の担当プロデューサーによる多額の使い込みが発覚したことを受け、海老沢勝二会長（当時）が国会で追及される光景が中継されることのないようNHKが配慮した結果ではないか、と指摘されていた。

この紅白歌合戦のプロデューサーの使い込みについては私も報道を通じて知っていたが、NHKが自らに関わる予算審議について中継しなかったことは知らなかった。吉岡氏にメールで状況を確認すると、「NHKはひどいことになっている」との返信が来た。

吉岡氏の指摘が正しいだろうことは、NHKの内部の人間ならすぐにわかることだった。この中継は批判を受けて後に収録した審議が放送されているが、「公共放送」であるNHKがもっとも大事にしているはずの、国会に関する放送についてまで慣例を破る事態は、海老沢会長を頂点とするNHKの体制が行きつくところまで行きついたと判断できるものだった。

その海老沢体制を維持する機関として、政治部を筆頭とする報道局が、そしてその主軸である記者が動く。そういう状況が日常茶飯事であることは、私でも知っていた。

こんなことがあった。当時、正午のNHKニュースの最後に、必ずと言ってよいほど海老沢会長が登場していたことは、NHKの記者なら知っている。それはイベントのニュースだが、そこで必ず海老沢会長の挨拶が登場し、「NHKの海老沢会長が……」と会長の一言を紹介して終わるというものだ。こうしたイベント取材は、取材項目を表示する報道端末に「!」が記されており、それは会長室からの依頼という意味だ。「依頼」といったところで、これは事実上の命令だ。

実は私自身も一度、その「!」が当たったことがあった。それは休日の午前中に開かれたイベントで、障害をもつ子どもたちが鶏卵の殻を使って描いた作品の展示会だった。大作が並ぶ中に、NHK会長賞を受賞した作品もあった。カメラマンが「やっぱり会長賞、撮っておいたほうがいいよね」と言ったが、私は、「いや、こっちの作品のほうが迫力があるので、こっちの作品を紹介しましょう」と、別の作品を撮るよう伝えた。原稿にも、NHK会長賞のことはいっさい書かなかった。

戻って原稿をチェックしたデスクが、「立岩君、会長賞の作品はどうした?」と声をあげたので、「会長賞? それより良い作品がいくつもあったので、会長賞の作品は撮っていません」と伝えた。慌てたのはデスクだ。「え? 会長賞を撮ってない?」と驚いた表情で私に言葉を投げた。「ええ」と私。

そこから先のデスクの「どうしようかなあ……」「なんで会長賞を撮らないんだ」「会長賞だけ撮っておけばいいんだよ」と愚痴る姿は滑稽でもあった。私はその姿を遠目で眺めていた。

結局、そのニュースには会長賞の作品は出なかった。かといって、別に私やそのデスクが注意を受けるということもなかった。そんな大げさな話ではそもそもない。「!」がついていようが、そもそも取材しなくても問題はなかったのかもしれない。要は「配慮」しているだけのことだ。しかし、その配慮も度が過ぎると、国会中継の取りやめといった状況を生む。

クウェートから帰国してしばらくは、先に帰国していた先輩カメラマン、先輩PDと局内各部署に報告を行なうなどしなければならなかった。取材班としてNHK内部の賞を受賞したため、それは仕方ないことだったが、理事会に報告する際には、「この人たちが国会中継をやめさせたのか」と、そればかり考えていた。

そして、帰国から一段落した頃、吉岡氏に連絡した。NHKの問題を指摘する声は各界からあがっており、このまま捨てておくことはできなかった。吉岡氏は、「まずはNHKの中の職員がどう考えるか、それが大事だ」と言った。では、と逆に提案したのは、NHK職員によるシンポジウムの開催だった。吉岡氏に司会を頼んだ。すると吉岡氏は、「私も参加するが、司会はもっと影響力のある人がよい。田原総一朗さんはどうか」と言った。

妙案とは思ったが、田原氏の連絡先がわからない。また、謝礼についてはどうすべきか、ということもあった。私は当時、NHKの労働組合である日放労（日本放送労働組合）で記者を代表する執行委員だった。他に「ホウバン」（後述する）のディレクターや「バンセイ」のディレクターを代表する執行委員に、私と同じようにジャーナリスティックな志をもった仲間がいた。私はそれらの仲間に相談した。日放労は基本的に全職員が加盟する労働組合で、執行委員の任期が終わればまた元の職場に戻り、通常は幹部になっていく。今回は、圧倒的な力を持つ海老沢体制に逆らうことだから賛同は得られないかと思ったが、みな、問題意識は共有していた。ぜひやろう、ということになった。ただし、直接動くのは私だけだ。

まず田原氏の連絡先を調べ、連絡をとった。ちょうどTBSの「筑紫哲也のNEWS23」を担当しているディレクターに友人がおり、彼を通じて連絡先を入手し、田原氏がよく利用する都内のホテルのカフェで説明したところ、「それはやらないといけない」と快諾してくれた。また、ドキュメンタリー監督の森達也氏も参加してくれた。

海老沢会長側が私の動きを察知し、さまざまな手を打ってきた。当初、NHKが国会裏に持つ千代田放送会館の会議室を会場として押さえていた。ところがこの千代田放送会館が急遽、利用禁止となる。NHKから会館に指示が出たという。加えて、シンポジウムの当日にNHKの職員に禁足令、つまりNHK放送局の会館内から不要不急の外出を禁止するという過去に例のない指令が各部署の長から出された。それだけではない。私に対して、社会部長から中越地震の現場に行くよう指示が出された。前述のとおり、社会部長は私を守ろうと必死だったのだと思う。電話口で私に、「気持ちはわかるが、そんなことでは何も変わらない。焦らずにこれまでどおり、しっかりと仕事をしていけば状況は変わる」と被災地取材に行くよう伝えた。私は社会部長の気持ちに感謝しつつ、「指令には従えません」と伝えて電話を切った。NHKにとって災害報道は選挙報道と並ぶもっとも重要な業務であり、その指示に違背することは、きわめて深刻な事態がもたらされるであろうことを意味する。私は、意識していたわけではないが、このときにNHKを離れるという選択肢に向かうルビコン川を渡ったのかもしれない。

私は仲間とともに千代田放送会館にかわる会場を確保して当日を迎えた。各社に広報したわけではないが、噂を耳にした新聞各社が取材を求めてきた。NHKの職員を対象とした集会ではあったが、私は取材を許可した。TBSのNEWS23は私が田原氏を迎えに行くところからカメラを回して取材した。

そしてシンポジウムの前日、社会部長が再び電話をくれ、「シンポジウムの開催は仕方ないが、立岩君はシンポジウムに行かないでほしい」と言った。それは社会部長が、部長命令に従ったとすることで私を守ろうと、最後の一手を打とうとしていることを意味していた。私はその厚意に謝意を伝えたが、「シンポジウムに私が出ない選択はありません」と伝えた。

会場には予想を上回る職員が参加してくれた。その数は一〇〇人ほどだったと記憶している。中には顔の知られた女性アナウンサーもいた。しかし、当然のように記者の顔は見なかった。会場に総務部長が部下を連れて来ていた。ちなみにこの総務部長は私にとっては社会部の元上司にあたり、後に社会部長になって私に「B」評価をつけて大阪行きを告げた人物だ。総務部長とは目を合わせることはなかったが、当然、壇上で田原氏、吉岡氏、森氏らを誘導している私の姿は見えているはずだ。

シンポジウムの冒頭で、田原氏が語った。

「NHKは大変なことになっている。本当に深刻に考えないといけない。海老沢会長はエビジョンイルと呼ばれているそうじゃないか」

当時の隣国の絶対的な権力者をもじって局内でささやかれていたその名称が公に語られた最初だった。そして田原氏の司会で、政治部記者として特に自民党ときわめて近い関係にあった海老沢会長とそれに付き従う幹部職員の問題が議論された。シンポジウムでは海老沢会長のワンマン体制とそこから生じる政治への忖度の問題が議論され、それらの内容がTBSのNEWS23や数社の新聞で報じられた。

このシンポジウムの後、田原氏に私が仲間とともに謝意を伝えに行くと、「一度じゃだめだ。もう一度やろう」と言って、自ら言い出した二回目のシンポジウムの司会を引き受けてくれた。ちなみに、この二回の司会に対し、私は田原氏にほとんど謝礼らしい謝礼を支払っていない。なぜ田原氏はそこまでやってくれたのか。後日、田原氏に尋ねると、「NHKは大事なんだよ」と語った。もちろん、私もそれに同感していたはずだ。だからこそ、ある意味で無謀なシンポジウムを計画して実行し、それを外部に公表した。それは私もNHKの再生が日本社会にとって不可欠だと考えていたからだ。

NHKを離れた今、外から見るようになって、本当にNHKは必要なのかと考えることがある。もちろん、NHKの番組に好きなものは多い。特にドラマやバラエティー番組には民放にはない問題意識を感じる。ただ、「クローズアップ現代」のように、「以前はこんな番組ではなかった」と落胆するものも多い。それはなぜなのか？　NHKは本当に必要なのか？

この本は、その私の疑問をみなさんと共有するために書いたものだ。読まれた方の意見をぜひお寄せいただきたい。

第1章

「指南書」問題

エースと言われたOBの告白

かつて政治部のエース記者と言われつつ、そのキャリアの途中でNHKを去ったOBに会ったのは二〇一九年の夏だった。

品のよさを感じる小料理屋の奥座敷で、OBと向き合った。政治を取材するとはどういうことか。そうした話をしているときに、OBがふと口にした。

「指南書問題、あれはダメだと思った」

驚いたが、それをあまり顔に出さず、「指南書問題のときですか?」と確認した。

「ああ。あのときは、これはNHKはダメだと、心底、思った」

私は口を挟まずにOBの言葉を待とうとしたが、やはり待てなかった。

「あれは、NHKは関係なかったということになっていますよね?」

そう言葉を投げて、OBの顔を見た。

「NHKだよ」

「一部で指摘されていた記者ですか?」

「そう。みな知っていた。しかし部会でも何の説明もなかった」

OBは続けた。

「自分も政治記者である以上、まったく無縁ではないが、あれは一線を越えていた」

「無縁ではない」とは、政治家との駆け引きということだろう。すでにメディアから離れているOBだが、その表情は政治部のエースと言われた時代のそれになっていた。「(NHKは)何らかのケジメをつけるべきだった。ギリギリのところで情報取材を行なっている現場の記者に対して、守るべき一線はどこなのか、それを踏み越えたときには改めるところは改めるという総括を、組織として行なわなければならなかった」

私は思いもかけず「指南書」という言葉を耳にし、その当時のNHK政治部の状況を知ることとなった。

「指南書」問題。いったい何の問題か。すでに知らない読者も多いだろう。しかし、これほどNHKの政治部と政権との密な関係がクローズアップされたエピソードはないかもしれない。

それは二〇〇〇年五月に起きた。

時の総理大臣は森喜朗氏。二〇〇〇年五月一五日、神道政治連盟国会議員懇談会の結成三〇周年記念祝賀会に出た森総理は、「日本の国、まさに天皇を中心としている神の国」と発言する。いわゆる「神の国発言」だ。戦前の「国体」を思わせるその発言が報じられると、政権に激震が走る。野党の追及の声が高まり、その年の四月五日に発足したばかりの政権に早くも黄信号が灯りはじめる。

そして「指南書」事件は起きる。それは、ある新聞社のコラムがきっかけだった。それは次のように書かれていた。

森喜朗首相が「神の国」発言の釈明記者会見を開く前日の朝、首相官邸記者室の共同利用コピー機のそばに「明日の記者会見についての私見」と題した文書が落ちているのを見つけた。ワープロ打ちされた感熱紙。一読して、首相周辺にあてた翌日の記者会見対策用の指南書と分かった。

そして「指南書」の内容の一部を書いたうえで、「取材現場で、政治家との距離感をどう保つか、悩むことは多いが、そこにはおのずと越えてはならぬ一線がある。この文書の筆者はそれを大きく踏み越え、報道人として背信行為を犯したと言わざるを得ない。国民が注視し、報道の力量が問われた記者会見だったことを思えばなおさらだ」と、指南書を書いた記者を厳しく批判していた。

コラムは西日本新聞の「直言・曲言」(二〇〇〇年六月二日付)。全国の新聞記事をインターネットで誰もが読めるような時代ではない。ブロック紙の雄とされる西日本新聞にしても、記事が読まれる範囲は限られている。しかし、この記事は大きなうねりとなって政権と政治報道を襲うことになる。

その日の夜にはテレビ朝日の「ニュースステーション」が取り上げ、続いてTBSの「NEWS23」で筑紫哲也氏が問題を指摘した。

当然、指南書を書いたのはどこのメディアだ？ どの記者だ？ と関心が高まる。間を置かず、NHKではないか？ 官邸記者クラブのNHKの政治部記者ではないか？ との観測が流れる。

それを受けてNHKは海老沢会長が会長会見で「内部調査を行なったが、そうした事実はなかったと聞いている」と否定。NHKの記者ではないとのNHK政治部の判断が貫徹された。その会見内容が事実ではないことを明かした冒頭のOBの発言だった。

その後、複数の政治部OBからも、NHKの公式見解を否定する言葉を得た。その中には、「それって、政治部記者なら誰だってやってやるだろう」と、指南書を書いた記者を擁護する言葉も聞かれた。

「ニシビ（西日本新聞）の奴ら、あれを書くかね？ うちとニシビは特に仲がよかったんだ。それをあいつら、よりによってあんな記事を書いて、許さんね」

こう話すNHKの政治部OBもいた。そのOBによると、NHKと「ニシビ」は記者クラブの席が背中合わせで、「互いに持ちつ持たれつでやっていた」という。

記事を書いた西日本新聞東京支社の記者

こうなると、西日本新聞でこの記事を書いた記者に会わないといけない。知り合いをつたって記者を探し、博多へ向かった。

二〇二一年七月一六日。私は博多駅からタクシーで海沿いに行ったところにあるテレビ西日本でその人に会った。宮崎昌治《まさはる》氏。スラリとした体躯でスーツを身にまといつつも物腰の柔らかなところが、いかにも敏腕記者を感じさせるが、取材時の役職は「取締役編成制作局長」で、「解説委員室長」も兼務するテレビ局の幹部だ。

西日本新聞で社会部長を務めた後、同新聞社の系列テレビ局であるテレビ西日本で報道局長となり、最近の異動で編成制作局長になったという。「解説委員室長」の肩書は、今もニュース番組の解説に出るので、「編成局長じゃ変だろうということで、とりあえず……」と笑った。

宮崎氏はテレビ局の幹部だ。あまり時間はない。すぐに会議室に移って「指南書」について話を聞いた。

冒頭、宮崎氏は言った。

「うち（西日本新聞）は官邸記者クラブに、キャップ、官房長官番、総理番の三人、いわゆる官邸記者クラブの常勤幹事社の中ではもっとも規模の小さい社です」

常勤幹事社とは言葉どおり、常に記者クラブに記者が駐在しているメディアのことで、全国紙、通信社、NHK、民放の東京キー局と、西日本新聞や北海道新聞などのブロック紙がそれだ。

当時、宮崎氏は野党担当で、官邸記者クラブの所属ではなかった。その宮崎氏が――否、宮崎記者と書こう――その宮崎記者がこの問題を世に問う役割を担う。それはなぜなのか。

「あの『指南書』を見つけたのは、官房長官番の記者でした」

その記者は朝の取材から戻ってワープロでメモを打ち、その内容を社内の各社に送るために官邸記者クラブでコピーをしようとしたという。そのとき、一枚の感熱紙がヒラリと舞って床に落ちた。それが「指南書」だった。

これは今になっては多少、説明が要るだろう。当時、まだパソコンは普及しておらず、みな、ワープロに打った。それゆえ、取材した結果をメモにしたものをメールなどの通信で送るということもなく、ワープロから打ち出される感熱紙をコピーしてファックスでデスクや同僚に送るという作業が必要だった。感熱紙のままではいずれ文字が消えてしまい、読めなくなってしまうからだ。

そして、まさに「指南書」も同様に、消えないための作業がコピー機でなされていたということだ。その官房長官番の記者は、一見して問題の重要性を感じ、感熱紙は元に戻しつつ、コピーをとって、社のブースに戻った。

「指南書」には何と書かれていたのか。冒頭、「明日の記者会見についての私見」と大書されている。以下がその中身だ。

▼今回、記者会見を行うことによって、「党首討論はやらなかったが、森総理は、この問題で逃げていない」という印象を与えることはできると思います。ただ、今回の会見は大変、リスキーで、これまでと同じ説明に終始していると、結局、民放も含め各マスコミとも、「森首相〝神の国発言〟撤回せず　弁明に終始」といった見出しを付けられることは、間違いないと思ってください。官邸クラブの雰囲気をみますと、朝日新聞は「この問題で、森内閣を潰す」という明確な方針のもと、徹底して攻めることを宣言していますし、他の各マスコミとも依然として「この際、徹底的に叩くしかない」という雰囲気です。

▼「間違ったことは言っていないし、これまでの国会答弁などとの整合性を考えると、発言の撤回はできない」という意見は、よく判ります。また官房長官も昨日、会見で「撤回は考えていない」と言っているので、官房長官発言との整合性もあるでしょう。しかし、会見する以上、総理の口から「撤回」と言わないまでも、「事実上の撤回」とマスコミが報道するような発言が、必要だと思います。そうすれば、マスコミも野党もこの問題をこれまでのような調子で追及することはできなくなり

ます。その場合、「なぜ、これまでの発言と変えたのか?・」と質問されると思いますが、そのときは、「真意を分かってもらえば、誤解は解けると思ってきたが、その後も現実に、多くの方に誤解を与え、迷惑をかけたので」と言えばよいと思います。
▼「事実上の撤回」と受け取ってもらうための言い方ですが、「私の発言全体を聞いてもらえば、決して間違ったことを言っているのではないことは理解してもらえると思ってきたが、一部、発言に舌足らずのところがあり、現実に、多くの方に誤解を与え、また迷惑をかけたことは事実だ。従って、発言全体の趣旨について撤回するつもりはないが、『日本は天皇を中心にしている神の国である』と発言した部分については、取り消したい」などと冒頭で言明した上で、神崎代表が言っているように、国民主権と信教の自由を堅持することを明確に説明すればいいと思います。いずれにしろ、こうした発言は、冒頭で明確に言った方がよいと思います。また、こうした方針の転換をするのであれば、事前に官房長官と幹事長に了解していてもらうことが不可欠だと思います。公明党から直ちに歓迎の声をあげてもらうことも必要です。
▼会見では、準備した言い回しを、決して変えてはいけないと思います。色々な角度から追及されると思いますが、繰り返しで切り抜け、決して余計なことは言わずに、質問をはぐらかす言い方で切り抜けるしかありません。先日、総理自身が言っ

ておられたように、ストレートな受け答えは禁物です。それと、朝日などが騒いだとしても、くれぐれも時間オーバーをしないことです。冒頭発言も短くし、いくつか質問を受け付けて、二十五分という所定の時間がきたら、役人に強引に打ち切らせるようにしないと、墓穴を掘ることになりかねません。(近藤広報官にそれが出来るかどうか心配ですが)総理就任の会見の際も、最初は好評だったのに、予定をオーバーした際の質問に、総理が丁寧に答えていた部分が、逆に大変、不評でした。くれぐれも、会見を長くしないよう、肝に銘じておいて下さい。

以上がその内容だ。一部、誤りと見られる記述や固有名詞については修正・削除している。「神崎代表」とは当時の公明党の神崎武法代表のことだ。もちろん、これを書いた記者が自分で「指南書」と言っているわけではない。しかし、これはまさに「指南書」だ。「会見では、準備した言い回しを、決して変えてはいけないと思います。色々な角度から追及されると思いますが、繰り返しで切り抜け、決して余計なことは言わずに、質問をはぐらかす言い方で切り抜けるしかありません」や「所定の時間がきたら、役人に強引に打ち切らせるようにしないと、墓穴を掘ることになりかねません」といった部分など、驚きを超えて、呆れる。

この感熱紙を西日本新聞の記者が見つけたのは五月二五日の朝だ。それは、文面にある森総理の「記者会見」の前日だった。

どう記事にするか？

「指南書」は、発見した記者から官邸キャップに渡された。現在、西日本新聞で編集委員を務める長谷川彰氏だ。長谷川氏は当時を振り返った。

「紙を見せられたとき、『何これ？』と驚きました。普通では遭遇しないような問題に直面したんだ、と」

長谷川氏は、すぐに問題だと認識した、と言う。「しかし」と続けた。

「どう記事にするのか？　東京支社の政治デスクとも話したんですが、『新聞じゃ書きにくいから週刊誌に出すか』なんていう話にもなりました」

政治デスクは長谷川氏の前任の官邸キャップで、長谷川氏との入れ替わりだった。ざっくばらんに話せる仲で、「そういう記者、たしかにいるなあ」と話したという。もちろん、週刊誌に渡せば飛びついただろう。しかし長谷川氏はその選択はとらなかった。

「書くなら新聞社の責任で書くべきで、それができないなら書かないという考えでした」

それが新聞記者としての責任だと長谷川氏は考えた。ただし、翌日にその問題の「記者会見」を控えている。すべては記者会見が終わってからの判断とする。

「記者会見で『指南書』どおりのやり取りとなるか、それも確認したかったんです」

そして問題の森総理の記者会見。会見を途中で打ち切ろうとする広報官。しかし各社が応じなかったため、会見は一時間あまり続いた。長谷川氏は会見の感想を次のように話した。

「必ずしも『指南書』どおりにはなりませんでしたが、森総理の発言や対応から見て『指南書』のとおりに持ち込もうとした感じは見られました」

やはり、「指南書」は記事にしないといけない。長谷川氏はそう考えたという。

会見後、西日本新聞東京支社報道部の政治担当記者とデスクが、国会記者会館三階の記者室に集まった。そこに長谷川キャップから宮崎記者も呼ばれる。宮崎記者の記憶では、「相談したいんだけど」という話だった。

永田町政治部村の掟

宮崎記者の回想に戻る。

国会記者会館三階の記者室で、宮崎記者は長谷川キャップから「指南書」を見せられる。

「落ちとった」

キャップはそう言って紙を宮崎記者に手渡す。

「これは面白い」

宮崎記者はそう思った。そしてキャップに言った。

「預けてくれんですか」

キャップは「よろしく」と言った。

それが取材の始まりだった。宮崎記者は言った。

「おそらくキャップは東京支社の政治デスクとも話をしているはずなんですよ。しかし、あまり乗り気ではない。しかし埋もれさせてよいのか？　そこで、宮崎はどう思うか、聞いてみたかったたんじゃないかと思うんです」

それには理由がある。宮崎記者はいわゆる政治記者ではなかった。もともと本社では社会部の記者だ。これはブロック紙である西日本新聞だから、ということもあるかもしれないが、社会部記者が東京で政治を取材するチームに入ることもある。しかも、特ダネ記者だ。東京で政治を取材する前は、民放テレビのCM間引き問題を特報している。

「これは、いわゆる政治記者だと、記事にするということは考えられなかったと思います」

宮崎記者はそう言って、続けた。

「政治記者っていうのは、政治家にアドバイスしてなんぼというインナーサークル（内輪）に入って（政治家の）信頼を勝ち得て、食い込んで……そういうアドバイスをしてなんぼという『永田町政治部村の掟』がある」

永田町政治部村の掟。宮崎記者はそう言った。つまり、敏腕社会部記者が東京に出てきて政治報道の世界を垣間見たときの違和感が、この「指南書」に凝縮されて見えたということだ。

その宮崎記者に、この問題を取材しないという選択肢はなかった。同じ社会部から東京に来て防衛庁（当時）を担当していた先輩記者に声をかけて二人で取材を始める。

二人とも東京で政治の現場を取材しているが、社会部記者だ。東京での取材経験から「永田町政治部村の掟」についてはその存在を感じていたが、「これはとんでもない話だ」と思った。そして、誤解をおそれずに言えば、「面白い」。そうして始まった取材だった。

ワープロを特定、「ビンゴ」

取材の第一歩として、当然、誰が書いたのかを特定しなければならない。ここで「奇跡が起きた」（宮崎記者）という。

「ある電気メーカーに『指南書』を持っていって、どこの社のどの機種のワープロか特定できないか、依頼してみたんです」

広報を通じての正面からの取材だったという。結論が出ると期待していたわけではないという。ところが、わかったのだ。

「メーカーから連絡があって、『わかりましたんで』と。メーカーと年式がわかったんです」

それが「ビンゴ」だった。ここで宮崎氏は私に言った。

「私は記事でも、どこの社のものとは書いていませんし、私の口からどこの社とは言えません。それは理解してほしい」

だから私が書く。それはNHKが使うワープロと「ビンゴ」だったということだ。

その機種をNHKが使っているという確認は、実は難しくはない。NHKは政治部だけでなく私のいた社会部でも同じ機種を使っていたし、それは西日本新聞が本社を置く福岡県のNHK福岡放送局の記者もそうだ。誰かを通じて確認するなら、全国のどこかのNHK記者にそれとなく確認すればよいだけのことだ。

実は、「指南書」を見つけた記者も長谷川キャップも、その文面からNHKのものだろうとは推測していた。文面に「民放」と「朝日新聞」という文言があるからだ。したがって、朝日新聞と民放の記者が書いたとは思えない。可能性としては、NHKのほか、朝日以外の新聞社や通信社ということもありえる。だが、文章に読点が多いのは放送記者の癖だ。たとえば次の文章。

「色々な角度から追及されると思いますが、繰り返しで切り抜け、決して余計なことは言わずに、質問をはぐらかす言い方で切り抜けるしかありません」

これはその典型だろう。アナウンサーに息継ぎの場所を伝えるため、放送原稿は無駄に読点が多くなる。これは癖になってしまい、私も文章に読点が多い。

二人はさらに取材を進める。では、NHKの誰が書いたのか？　二人には心当たりがあった。実は、「指南書」を見つけた記者は、その朝、早い時間帯に一人のNHK記者を官邸クラブで見かけていた。さて、どうするか。報告を受けた長谷川キャップは、「今度は僕が預かる番」だと受け止めた。

NHK官邸キャップと対峙する

官邸記者クラブの夜。長谷川キャップがNHKの官邸キャップに声をかけた。珍しいことではない。キャップ同士、しかも常勤幹事社のキャップ同士はさまざまなケースでやり取りをする。加えて、西日本新聞とNHKは特別な関係でもある。常勤幹事社は新聞社と放送局とでペアを組む。その際のペアがNHKと西日本新聞だ。加えて、NHKと西日本新聞は記者クラブの席も背中合わせ。ある意味、もっとも親しい関係にあるとも言える。

官邸クラブに所属する記者が少ない西日本新聞にとってNHKはありがたい存在でもある。長谷川氏は言う。

「たとえば、政治日程や急な記者会見の変更など、あらゆる情報がNHKには集まるわけですが、NHKのキャップは意図的に後ろの私に聞こえるように電話口でNHKの関係部署に伝えるんです。それは人数の少ないわれわれに事実上、情報を教えてくれていたものでしょう。持ちつ持たれつ、というより、圧倒的にこっちが助けられていたというのが本当のところです」

そのNHKと対峙する瞬間とはどういうものだったのか。そのときのやり取りを長谷川キャップの記憶から再現しよう。

長谷川氏は次のようにNHKのキャップに声をかけた。

「ちょっとお耳に入れたい話と、それに関連してご相談したい話があります」

当時のNHKキャップは後にNHK日曜討論の司会も務めるベテラン記者だ。キャップ同士で私的な会話をする仲でもある。

夜の早い時間は記者が夜回りに出ているのでキャップも時間に余裕ができる。官邸を出て坂を下りた溜池山王の喫茶店に入った。

「お耳に入れつつ、お話ししたいことがあります」

道すがらのよもやま話を止めて長谷川氏が切り出した。

「何ですか?」と応じるNHKキャップ。長谷川氏は「指南書」のコピーを手渡して言った。

「記者室内で、こんなものを見つけたんですよ」

紙に目を走らせた後、NHKのキャップは言った。

「いやあ、実は、うちに森派に刺さっている記者がいるんです」

「刺さっている」とは取材現場では「情報源を持つ」という意味で使われるが、この場合は、「取材先に通じている」といった意味だろう。長谷川氏はたたみかけた。

「読まれて、どう思われますか？」

表情が一変したNHKキャップ

NHKキャップは居住まいを正して言った。

「いやあ、まあ……長谷川さん、お気遣いありがとうございます。これは、こういうことをしでかすような者が出ないよう、しっかり管理監督しろとご忠告をいただいたのですね。本当に感謝します」

その瞬間、長谷川氏は「認めた」と受け止めた。そして、間髪入れずに問うた。

「そういう話じゃなくて、こういう行動をとること自体、記者の倫理として問題だとは思いませんか？」

「えっ」とNHKのキャップが発して、その表情が一変したのを長谷川氏は今も覚えている。NHKのキャップはこう発した。

「長谷川さん、ひょっとして、これ、記事としてお書きになるということですか？」

長谷川氏は努めて冷静に、大事な一言を伝えた。

「はい、そのつもりでここにおります」

NHKキャップは次のように言ったという。

「……長谷川さん、そちらがそのおつもりならどうぞ。ただし、そういうことでしたら、こちらは事実関係の有無も含めて、徹底して戦います」

激した言葉ではなかった。「決して激することなく、最小限の言葉を選びながら余計な言質は与えないという胸のうちがうかがえた」と長谷川氏は振り返る。

NHKキャップは、「指南書」のコピーを長谷川氏に返して、「では」と席を立った。コピーを返された長谷川氏は会話の内容から「指南書」を書いた記者の予想も当たっていると思った。しかし、それ以上はNHKキャップに言葉をかけなかった。書いた記者個人を問題にする話だとは思わなかったからだ。

NHKキャップが席を立った後、しばらくして長谷川氏も店を出た。

「確認はとれた。さて、どう出すか」

前掲のコラムは宮崎記者ではなく、この長谷川氏が書くことになる。それはどのような経緯なのか。

難航した記事化

西日本新聞といえども、「指南書」は簡単には記事化できなかった。しかし、記者の頑張りによって報じられることとなり、「指南書」問題は燎原の火の如く拡がることとなる。

NHKの官邸キャップが反応したことで、いわゆる「裏取り」、つまり事実関係の確認作業は一定の成果を得た。加えて、それはNHKへの通告となった。つまり「指南書」を報じるための準備が最終段階に入ったということだ。

官邸キャップの長谷川氏の了承を得て、宮崎記者は先輩記者と二人で「指南書」の記事を書き上げる。まず、一面本記。そして社会面への展開、識者コメント。スクープ記事を出す際の新聞記事の準備だ。

識者コメントはTBS「NEWS23」の筑紫哲也氏からとった。当時、同番組を担当していた金平茂紀氏も立ち会う中で「指南書」を見せてコメントをとった。加えて、NHK政治部出身で椙山女学園大学教授だった川崎泰資氏と、米ニューヨーク・タイムズ東京支局のハワード・フレンチ支局長にもコメントを求めた。

自身も朝日新聞で政治部記者だった筑紫氏は次のように話した。

「指南書の一番の問題は『質問をはぐらかせ』とか『時間を打ち切れ』とか、記者としての矩を完全にこえていることだ。記者が本来やるべきことと反対のこと、つまり権力者の側に立っている。政治権力と癒着し、感覚が麻痺している」

川崎氏は、「文書の内容から見て、森首相に近い派閥記者が首相サイドに渡す目的で書いたものに間違いないだろう」と指摘。

もっとも厳しいコメントを寄せたのはフレンチ東京支局長だった。

「記者が書いたものなら、非常に恥ずべき行為をしたことになる。仮に、ホワイトハウスの記者室で同様の文書が見つかれば、即座に（会社から）解雇されるだろう。米国内の各方面で大反響が起きるに違いない」

宮崎記者は特に「記者としての矩を完全にこえている」との筑紫氏のコメントに我が意を得た思いだった。フレンチ氏のコメントは、国際的なメディアの常識から見た当然のコメントだろう。

自分たちの紙面で書く

さて、原稿の準備は終わった。だが、そこで、予期せぬことが起きる。

「本社の偉い人が『記事にしたら駄目だ』と言ってきたんです。『これは載せられない』と」

官邸キャップからそれを聞いた宮崎記者らは編集局幹部に電話で直談判する。最終的には、「コラムならよい」となった。要は、メディアの内輪の話を公器である新聞で書くのか、ということだった。それで折衷案として、「コラムなら」となったわけだ。

すでに、筑紫哲也氏は西日本新聞の報道を踏まえて、「NEWS23」の「多事争論」で取り上げることが決まっている。テレビ朝日も「ニュースステーション」で扱うことが決まっている。

「コラムでは自分は書きません」

宮崎記者は長谷川氏にそう言った。

しかし、「指南書」の記事化が困難だったのは西日本新聞だけの話ではなかった。実は宮崎記者は、官邸記者クラブの複数の社に一緒に報じないかと声をかけていた。九州のブロック紙だけで書いても影響力が限られると考えたからだ。しかし、いずれからも難色を示されている。

「うちは書かない」

「うーん、その話にはのれんなあ……」

ある社は、「実はうちもその文書を持っている」と明かした。「指南書」を持っているという。どうやら、あの感熱紙がコピーされて一部の社の手には渡っていたようだ。それでも書かないと言う。

これらはいずれも当時の自民党政権に厳しいとされるメディアからの反応だった。つまり、「政治部村の掟」を破る社はいないということだ。そういう意味では、「指南書」を書いたメディアも他のメディアも、実は政治部村の掟の世界で生きているという点であまり変わらないということだ。

宮崎記者は、それでも納得できない。「コラムでは書かない」との主張を変えなかった。

「これは一面で書くべき話だ」という思いがある。そのとき、官邸キャップの長谷川氏が言った。

「コラムでも、出さないより出したほうがよい」

これは「どのような形であれ、自分たちの紙面で書く」という長谷川氏の思いから出た言葉だった。加えて、衆議院の解散目前の時期だったこともあった。記事掲載のタイミングがこれ以上後ろにずれてしまうと、永田町の関心は総選挙の情勢に移り、その雰囲気の中では関心を集めにくくなる。なんとか解散の前に最初の一報をいずれかの形で出し、そのうえで次の展開を探りたい。そう考えたという。

コラムは官邸キャップの長谷川氏が書いた。そして、二〇〇〇年六月二日の紙面に掲載された。そのコラムを紹介する形でTBSの「NEWS23」とテレビ朝日の「ニュースステーション」が報じた。

今であれば、ブロック紙の西日本新聞の記事であってもネットを通じて全国で読まれるだろうが、当時は違う。このため、このコラムを読む人間は福岡県を中心とした九州地方の読者に限られていた……はずだった。しかし影響力のあるテレビ番組が「コラム」の存在に触れたことから、事態が動き出す。

流れの変化

このとき、西日本新聞の編集局内でどういう議論があったのかは確認できなかったが、当時を知る西日本新聞の関係者は次のように話した。

「この時期、新聞各社の社長が集まる会議が開かれていて、報道の翌日、その会合に出ていた西日本新聞の社長が各社の社長から、『コラム』について好意的な意見を言われたという。それで、社長から編集局に、『これは徹底的にやりなさい』との指示となった」

長谷川氏も宮崎記者も、その点については明確な記憶がないと話した。しかし、流れが変わったことは間違いない。長谷川氏は、普段は現場に顔を出すことのない東京支社長が官邸記者クラブに顔を出して、「長谷川君、これいいね」と激励に来たのを覚えている。東京支社長が現場に来るのはきわめて珍しい。

そして、記事での展開が決まる。「指南書」も全文を掲載。もちろん、筑紫哲也氏たち三人のコメントも掲載。そして、「指南書」は「事件」となった。

予想どおり、週刊誌が飛びついた。週刊誌は容赦しない。西日本新聞はどこのメディアとは書いていないが、週刊誌はNHK記者だと報じ、書いたと目される記者への直当たりを試みるなど報道はヒートアップする。そうした中で、NHKの海老沢会長の否定会見となる。

しかし、それでは終わらない。同志社大学教授だった浅野健一氏らが官邸記者クラブに事実関係を究明するよう求める質問状を出した。このため、記者クラブ総会が開かれる事態となる。

しかし、結局、記者クラブとしては「指南書」をどこの社の誰が書いたのかは特定しないという結論となった。宮崎記者はその経緯も続報で伝えた。すると、官邸記者クラブの幹事社から、「なんでこんな記事を書いたんだ」とつめ寄られたという。

宮崎記者、否、私の目の前にいる宮崎氏が当時の状況を語り終えた。私がテレビ西日本に来てすでに一時間半が経っていた。一気に話し終えた宮崎氏。一呼吸終えてペットボトルの水を口に含んだ。その話は、細部まで再現できそうな内容だった。その内容に圧倒された。

NHK政治部記者が持つ圧倒的情報量

取材の終わりに宮崎氏が語った。

「NHKの政治部記者が持っている情報は凄いんですよ。他の大手メディアの三倍くらいあると思う」

そして続けた。

「でも、書かない」

書かないから情報を得られるということもあるのだろう。ある新聞社の政治部OBからこんな話を聞いたことがある。

「裏コンというのがあるんですよ。その参加メンバーを決めるのは多くのケースでNHKの記者なんです」

裏コン……。裏の懇談ということだ。総理大臣と各社政治部記者との懇談が問題になって知られるようになったが、政治部取材は懇談という形式をとることが多い。これは、総理大臣はもちろんだが、官房長官などもすべての社の取材を次から次に受けることはできないという状況で、懇談で各社一緒に取材するという形式になったという。

ところが、これはあくまで表の話だ。それとは別に一部の社だけを集める「裏の懇談」つまり、「裏コン」がある。誰を集めるか? メディア側からすれば、誰が参加できるか? その多くで、NHK記者が仕切っていたという。つまり、誰が参加できるかをNHKの記者が決めるということだ。これは、NHKの政治部の行動様式から導かれる当然の姿かもしれない。

NHKの政治部は徹底的に記者を政治家個人につける。NHKに記者で入って地方局で取材経験を積んで政治部記者になる。すると、自民党を中心に与野党の有力議員の担当を任される。すると、その記者はその政治家にずっとつく。「張りつく」という表現がそれに近い。そして、それは記者が仮に政治部を離れても続く。それは政治家からすれば、もっとも信頼できる存在ということになる。「裏コン」に誰を呼ぶか、つまり誰は呼んでも安全かを決める役回りとしては適任ということになる。

私自身の経験を書く。私が社会部で環境省を担当しているとき、NHKスペシャルに当時の小池百合子大臣が出ることになった。私がNHKの正面玄関で大臣の到着を待っていると、報道局長も玄関に顔を見せたが、それだけではなかった。かつての小池番の政治部記者も顔を見せていた。

すると何が起きるか？ 私にはピリピリした態度しか示さない小池氏の表情が緩み、「あら、久しぶり」と饒舌になる。なるほど、と思った瞬間だ。

もっとも、これはどの取材現場でもあることだ。取材する側とされる側の間に信頼関係が生まれることは悪いことではない。しかし、話はこれにとどまらない。その関係が、政治部どころか記者職を離れて管理部門に移っても続く。

すでに報道に関わっていない部署に移った元政治部記者がNHKの正面玄関にいるのを見かけて、「何をしているんですか？」と尋ねると、「これから来るんだよ」と言う。以前に担当していて政権の幹部になった政治家が来るという。そのときの表情には、「大変だよ」という思いとともに、「これが俺たち、政治部記者なんだ」と誇るような感情が読み取れた。

こうした対応は、過去には新聞社も行なっていたようだ。しかしそうした特別な関係が政治との癒着を生み出すのではないかと問題視され、徐々になくなっていったという。ある新聞社の政治部キャップは、「今どき、そういう対応をとっているのはNHKだけです」と話した。そのキャップは、「それをできる体力がNHKにしかないということかもしれません」とも話した。

「時間と距離は反比例する」との言葉をNHK政治部から聞いたことがある。長く付き合えば互いの距離は近づくという話だ。しかし、それはあくまで、取材を通じて重要な情報を得て報道するための行動であるはずだ。信頼を得て情報は得るがそれを伝えないとなると、それは取材のためなのか、何のための距離なのかがわからなくなってくる。

「指南書」問題に関するNHKの見解

NHKに、あらためてこの「指南書」について問い合わせた。

「二〇〇〇年（平成一二年）の会長会見で、『内部調査を行ったが、そうした事実は無かったと聞いている』とお答えしています」

「指南書」を書いたとされ、幹部職員となっている元記者への取材を求めたが、「職員個人への取材はお断りします」との回答だった。

すでに書いたとおり、NHKの公式見解は、さまざまな証言などからも事実とはとうてい考えられない。私が取材をしている中でも、関係者たちはNHKのその記者によって書かれたという前提で語っている。そのうえで、「指南書の何が問題なのか」と逆に問うてくるOBもいた。

「政治家に指南できない政治部記者なんて、要は取材していないに等しいということだ」とまで言うOBもいた。

私が、「指南は悪くはないということですか？」と問うと、「もちろん、問題はある」と言った。では何が問題なのか。

「それは指南の痕跡を残したということだ」

感熱紙をコピー機に残したことか。

「そう。それが問題だ」

私はそのOBの表情を見ていた。OBは当然のことを言っているまでだ、という表情でそう言い切った。

二〇二一年六月末でNHKを退職した大越健介氏のNHKでの最後の仕事に、読売新聞の渡辺恒雄主筆のインタビュー番組がある。「独占告白　渡辺恒雄」だ。その番組の最後で渡辺氏が次のように語っている。

「（政治家に）それ間違っているから、こっちのほうやりなさいとか言って忠告すると、言うこと聞くわね」

政治部記者と政治家の関係については次のように語っている。

「政治家は逆に記者の情報を取ってその記者には情報をくれるわね。そういう持ちつ持たれつの関係になると政治記者というのは、だんだん深みが出てくるね」

大越氏は次のように応じている。

「（政治家と政治記者とは）なかなか、えも言えぬ関係ですよね」

大越氏はＮＨＫの政治部記者だった。ワシントン支局長といった華やかな経歴が紹介されることが多いが、本人の原籍は政治部だ。政治部のエース記者として政治取材で成果を出してきた一人だ。それゆえに渡辺氏が取材に応じたと思えるが、「指南書」も、渡辺氏は適切な「忠告」だと考えるのか。大越氏は、どうだろうか。可能ならぜひ、時代の異なる二人の政治部エース記者に聞いてみたいところだ。

ＮＨＫ政治部にも心ある記者はいる

取材に応じてくれた宮崎氏も、ＮＨＫ政治部の取材力については認めていた。

「もともと高い志をもってＮＨＫに入り、政治部でも気概をもって頑張っている記者もたくさんいます」

そう語る表情には、その志と取材力を適切に使ってほしいという願いを感じた。

一連の取材を指揮した長谷川氏があるエピソードを語った。

「この『指南書』の問題は、森総理の『神の国発言』がきっかけなわけですよね。あの発言は、実はすべてのメディアが把握していたわけではないんです」

長谷川キャップはNHKのキャップと総理番の記者のやり取りから知ったという。総理番の記者は政治部に来て一年目くらいの若い記者だ。

既述のとおり、「神の国発言」とは当時の森総理が神道政治連盟国会議員懇談会結成三〇周年記念祝賀会で、「日本の国、まさに天皇を中心としている神の国」と発言したものだ。その取材から戻った記者はキャップに、「問題発言が出ました」と伝えていた。

これもすでに書いたが、西日本新聞とNHKは記者クラブで背中合わせの近さだ。しかも、NHK側は特に重要でない情報についてはあえて西日本新聞に聞こえる程度の声でやり取りをしていた。それは政治取材で圧倒的な人員を持つNHKが常勤幹事社でペアを組む西日本新聞に対して一定の配慮をしていたものとも考えられるが、ここではそれを書きたいわけではない。

聞こえてくるやり取りでは、どうもNHKのキャップは記事化に乗り気ではなかったようだ。不満そうに記者席を離れたNHKの若手政治部記者に長谷川氏が声をかけた。これも普段の付き合いからできることだ。

「僕は問題発言だと思うんですけど……」

若い記者はそう話したという。

「キャップはキャップなりの価値判断があったのでしょう。政治判断だったかもしれませんが。でも、若い記者は『僕は書くべきだと思うんです』って言っていました。だから、NHKの政治部記者の全員が『指南書』を是とするような状況だとは、僕は思わないんです」

「神の国発言」はその後、毎日新聞が記事にし、それを各社が追いかける形となる。そして政権を揺さぶる。その若いNHK記者は自分が最初に書きたかっただろう。

「僕は『指南書』の記事は絶対に自分の新聞で報道すべきと思ったわけですが、それは、『指南書』が、どこの社にもいる心ある記者を裏切る行為だからなんです」

その「心ある記者」には、NHKの政治部記者も含まれている。

NHKの政治部にも心ある記者はいるのか。そう問うた私に、長谷川氏は、「ええ。います」と語った。

長谷川氏は、対峙したNHKのキャップについて次のように話した。

「その後、向こうが配置換えになり挨拶する機会もありませんでしたが、日曜討論などテレビ画面で姿を拝見していました。で、一つ、ほほお、と思ったのは、東日本大震災が起きた後、番組で原発政策などについて政府にかなり厳しい発言をされていて、『この人も心ある記者なんだ』と思った記憶があります」

「改めるところは改めるという総括」を

宮崎氏は、この問題は筑紫氏がコメントした「(指南書は) 記者としての矩を完全にこえている」という言葉に尽きると考えている。

筑紫氏はその前段で、こうもコメントしている。

「政治記者とは永田町という狭い世界で政治家の懐にいかに飛び込むかが仕事という面がある。かつて私も新聞社の政治部にいたが、先輩から『お前らは今から泥水の中に潜る。だが、時々は泥水から首を出し、あたりを見回せ』と教えられた」

取材のために政治権力に近づく。しかし権力の側に自らを置くことはしない。その線引きを意識する。そのために「泥水から首を出し、あたりを見回す」作業が必要となる。それが常に問われている。

それは、私が「指南書」の問題を取材するきっかけとなったNHKの政治部OBの言葉に通じる。

「(NHKは) 何らかのケジメをつけるべきだった。ギリギリのところで情報取材を行なっている現場の記者に対して、守るべき一線はどこなのか、それを踏み越えたときには改めるところは改めるという総括を、組織として行なわなければならなかった」

「自分は無関係だとか、高みに立ったような言い方はしたくない」と言いつつ、OBは苦渋の表情でそう語った。

私は今からでも遅くないと思う。NHKは、この「指南書」への関与を認めるべきだと思う。そしてOBが語ったように、「改めるところは改めるという総括を、組織として」行なう。それができればNHK政治部は変わり、それによってNHK全体も変わるのではないか。

第2章

NHK政治部とは何か

「指南書」問題は政治部の話だ。「政治部」とはNHKの一つの部署名だが、メディアに関心のある人なら一度ならず耳にしたことがある名称だろう。常に問題となるNHKと政治の関係において、その距離の近さを象徴する存在と目されているからだ。

この政治部とはどういう部署で、どういう人たちが何を考えて業務に勤《いそ》しんでいるのか。

「まえがき」で触れた、かつての海老沢勝二会長は政治部出身だ。その二代前の会長で「シマゲジ」の名前で広く知られた故・島桂次氏も政治部出身だ。

次の章でNHKの組織図を示すが、政治部はその組織図の中に出てこない。組織図にある報道局の一部署に過ぎないからだ。この報道局にしても、NHKにある多くの局の一つという位置づけだ。しかし数ある局の中で報道局がもっとも強い権限を有していることはNHKにいた人間ならわかるだろう。

政治部出身者という存在

テレビにしろラジオにしろ、時間が大きな役割を担う。タイムスケジュール、いわゆる番組の編成だ。これが文字を中心とするメディアである新聞や雑誌と大きく異なる点であることは説明するまでもないだろう。このため、編成局が置かれている。放送番組の編成を担う部署だ。民放ではこの編成局がもっとも強い権限を持っている。いつどの番組を放送するかを決める部署だからだ。

しかし、NHKはそうではない。編成局長をしていたOBが当時のことを語ってくれた。

「通常の番組編成は編成局で作成するわけですが、たとえば災害や政変などで報道局が特番を組むとなると、私の許可は要らないです。報道局長が編成権を持つわけです。連絡？ 連絡はありますけど、許可を取るということではなく、『こうします』という感じです」

実は、この報道局長のポストには記者しか就いたことがないのだが、その歴代の報道局長のほとんどを政治部出身者が占めている。これは事実だ。

一般に新聞社では、政治部と社会部がライバル関係にあると言われる。NHKでもそういう部分がないとは言わない。NHKの社会部については次の章で書くが、社会部が政治家のスキャンダルを報じる際には両部がぶつかることもある。

私の入る前のNHKの話だが、ロッキード事件の報道をめぐる政治部と社会部の対立は大きな問題になった。「かつては戦っていた」と語る社会部OBは多い。しかし、少なくとも私は、私が所属した社会部で、政治部と徹底的に戦うという姿勢を見せた記者を知らない。もちろん、そこに私も入るわけで、この本の中では私自身のことはあまり書かないことにしているが、情けないエピソードだけは書いておく。

私が社会部で国会を取材していたとき、自民党の額賀福志郎衆議院議員に一五〇〇万円の現金を持っていった人物のインタビューを撮った。額賀議員は当時、官房副長官だった。当然、そのニュースを出す以上、額賀氏本人に取材しないといけない。それは私も理解できる。しかし、その取材は社会部がやるわけにはいかないとなった。大臣など政府高官への取材は政治部記者を通して行なうのが不文律だ、という説明だった。

そして、どうなったか？　待てど暮らせど、政治部はその額賀議員への取材をしない。社会部のデスクを通じて問い合わせても、「対応中」という答えが政治部デスクから返ってくるだけだった。

結局、私はその原稿を書けなかった。それで情報提供者と話して、新聞社に情報提供をして書いてもらうことにした。これは報道の倫理上、問題かもしれない。しかし、闇に葬り去られるよりはそのほうがよかった。日経新聞の夕刊一面にその記事が出て、額賀議員は官房副長官を辞した。

それより前にはこういうこともあった。不透明な資金の流れを追っている中で、ある大臣の名前が浮かんだ。私はその大臣の議員事務所に問い合わせをした。大臣は当然、議員事務所にはおらず、秘書が内容を伝えるという話だった。

その日の晩、社会部のデスクらと赤坂で夕食をとっていると私の携帯が鳴った。大臣からの電話だった。説明は明確で疑惑は晴れたが、その電話を切って目の前の社会部デスクにそれを伝えると、「え、大臣と直接話したのか？ それはまずいぞ」となった。すぐに政治部デスクに電話で詫びを入れていた。社会部記者が大臣を直接取材できるのは政治部が担当を置いていない環境省などに限られていた。

もう一つエピソードを書いておく。何度も書くが、私はこの本の中で自分を格好よく描く気はないので、仮に少しでもそう思えたら、その点は笑って見逃してほしい。本人は抑制的に、情けないエピソードを吐露しているつもりだ。

それは、自民党で鈴木宗男議員が権勢を誇っていた時期のことだ。後に逮捕される鈴木議員について、政治と金の問題で確認したい話があり、何度か自民党本部に足を運んだ。当然、簡単には会えないのだが、こちらは何度でも行くしかない。

その何度目かのとき、私の前に、これまで対応していた自民党職員ではない男性が立ちふさがった。そして私に言った。

「鈴木さんに用があるなら俺を通してくれ」

向こうは私を知っているのか？ 妙に堂々としたもの言いに、私は意味がわからず、「どちら様ですか？」と尋ねた。するとその人物は言った。

「お前の会社の先輩だよ」

NHKの政治部記者だった。鈴木議員が逮捕されるのはそれからかなり後のことだった。私はと言えば、逮捕が不可避となった際に政治部記者立ち合いのもとで取材をしただけだった。

こういうエピソードを、読者のみなさんはどう思うだろうか。この筆者はジャーナリストとしてたいしたことがないと思うのは当然として、こうした政治部の存在がNHKと政治との癒着を生んでいると感じるのではないだろうか。そう思う人は多いだろう。私は、正直なところよくわからない。わからないので取材するしかない。

NHK内の「エリート集団」とも言える政治部とはどういう部署なのか、そこに所属する記者は何を考えているのか。良くも悪くもNHKを代表する部署となっている政治部。正式には報道局取材センター政治部。NHK内で絶大な力を持つそれは記者の集団だ。政治権力を取材する一方で、自らがNHK内の政治権力としても幅を利かす。その集団はどのように活動しているのか。

黒いイメージ

最初に個人的な印象を書いておく。政治部というと、私には黒というイメージがある。それは別に政治部記者が権力と癒着しているから……ということではない。男女問わず、多くの政治部記者がダーク系のスーツを身に着け、そして黒塗りのハイヤーで動き回る。加えて、一糸乱れぬ動き。個人的な印象ではあるが、それが黒のイメージを抱かせる。

これは同じ記者でも、私が所属した社会部とは少し異なる。社会部は服装もラフで、みながバラバラに動いていた。ハイヤーを使うのは社会部では警視庁や検察庁といった事件系の記者クラブくらいで、多くの記者は公共交通機関を利用していた。ただし、これはNHKだけのことではない。朝日新聞も読売新聞も共同通信もTBSも同じだ。

まずは、政治部記者だったOBに、政治部の仕事を語ってもらう。

「政治部の人員は五〇人。これは新聞社も同じ規模だろう。あなたがいた社会部に比べれば半数くらいじゃないか」

NHKの社会部は、もともとは一〇〇人を超える大所帯だったが、そこから文字どおり科学と文化を取材する科学文化部や首都圏のローカルニュースを扱う首都圏部（その後、首都圏放送センターを経て首都圏局となった）が分離したことで、私が所属したときは八〇人。それでも政治部より人数は多い。実は、この数の少なさが、NHKで政治部が権力を握るうえで重要な要素となっていることは、後に触れる。

政治部は政治を取材する。これは誰でもわかることだが、実際にはどのような形で取材が行なわれているのだろうか。まず、記者はどう配置されているのか。

「いわゆる官邸クラブと言われている首相官邸を取材する内閣記者会。ここに官邸キャップ、サブ・キャップ、三席、四席がいる。その下に、官房長官番と総理番」

官邸キャップをトップに一〇人近い記者が配属されているという。そして官邸キャップは政権中枢との窓口を仕切る立場となっている。

官房長官番と総理番とは、ニュース番組の名称としても使われているいわゆる「番記者」だ。ただし、この二つは同じ番記者でも役割が異なる。官房長官番は平日の午前と午後に開かれる官房長官会見に出る。ＮＨＫのニュースで、「これについて官房長官は……」と報じられるが、その質問をしているのが官房長官番だ。

このため、中堅クラス、あるいはエース候補が就くケースが多い。長野県の松本市長を務める臥雲義尚《がうんよしなお》氏はＮＨＫの政治部で野中広務官房長官番を務めた過去がある。臥雲氏は、官房長官との会見をどう行なうかは政治部記者としての腕の見せどころだと話している。

官房長官会見でのエピソード

私は国会担当のとき、その会見に出たことがある。小泉政権時の福田康夫官房長官の会見だった。これは福田長官に靖国神社についての考え方を質問したかったからだが、私には順番が来ないまま会見は終了となった。その後、ＮＨＫの官邸キャップから、「立岩君、ちょっと」と呼ばれた。そして言われた。

「質問するなら、こっちがするから私に言ってくれよ」

え？　質問するなってことですか？

「いや、こっちで一緒に質問するから」

それは逆に申し訳ないですよ。

「官房長官会見で社会部の記者に質問されても困るんだよ」

困る?

「だって、警視庁の会見で政治部の記者が質問したら、君ら困るだろ?」

え? いや、別に……。

「とにかく、質問があるなら官邸クラブに言ってくれ」

この官邸キャップは「普通に話せる」記者、政治部を前面に出さない記者という評判のある人物だった。やり取りも不快なものではなかった。しかし、言われていることの意味が私にはわからなかった。その後、官房長官への質問は、政治部内で打ち合わせるなどの調整を行なっていることを知った。そういう状況では、社会部記者からの不規則な質問は歓迎されないのだろう。逆に言えば、私が政治部に、会見で官房長官に「靖国神社とは別にアメリカのアーリントン墓地のような戦没者施設を作る考えについてはどう思うか?」と質問してほしいと言っても、絶対に受け入れられなかっただろう。

総理番

「総理番」という名だけを見れば、政治部でもベテランが担当するものと思うかもしれないが、実際には政治部一年目の記者などが担当する。官邸の入り口で「ソォリィィ!」

と声をかける役回りだ。官邸の正面から入る人間を確認して記録する役回りでもある。新聞の首相動静は総理番の情報で書かれている。ここの情報に抜け駆けはない。たとえば、見知らぬ人間が官邸に入ったとする。番記者はそれぞれのルートで確認する。そしてその人物が特定できると、それはその場の各社で共有する。政治部特有のルールだ。

政治部には、こうした各社で情報を共有するルールが散見される。それは私が所属した社会部では見られない文化だ。これは必ずしも悪いことではなく、無駄な競争はしないということだろう。合理的な判断だと思う。

総理番は仕事が多い。このため、NHKを含めて各社複数の総理番を置いて取材をしている。たとえば、官房副長官も担当する。官房副長官は政治家が務める政務担当と、官僚トップクラスが務める事務担当がいる。その双方を取材する。

与党取材の拠点は平河クラブ

次に重要なのが平河クラブだ。自民党の記者クラブで、党本部がある平河町にちなんで名付けられている。政権与党の取材拠点だ。

記者クラブの部屋は四階の幹事長室の向かいにある。私も自民党本部は何度か行ったことがあるが、平河クラブに顔を出したことはない。社会部の記者が来たら迷惑だろうし、私にとっても居心地の悪い思いをすることは間違いない。

そこにもキャップ以下、サブ、そして各派閥の担当など、約一〇人が配置されている。ここの仕事は基本的に派閥の動きを追うことだ。ある意味、もっとも政治部らしい仕事と言えるかもしれない。

たとえば、とOBはありし日について語ってくれた。

「経世会を担当すると、金丸、竹下、小沢の動きをフォローする。毎週木曜日に経世会の会議がある。そこで昼飯を食べながら会議をする。これが弁当なんだが、『一致結束、箱弁当』という名で呼ばれている」

担当記者も弁当を食べながら参加する。

「とりあえず、月に一〇〇〇円は払う。弁当はそんな安い弁当じゃないが」

そこには役職のある議員は出ない。派閥の若手議員が、国会の動きや政策について報告するのだという。

「そういうところに顔を出すことが重要。もちろん、若手議員を観察することも」

NHKの派閥担当記者といっても、常に派閥の大物議員に会えるわけではないという。特に日中は難しい。

野党クラブと官庁記者クラブ

野党クラブは国会本館の中にある。キャップ、サブ・キャップが情報のとりまとめを行なうのは官邸クラブ、平河クラブと同じだ。その下につく記者の数は野党の状況次第で変わるという。基本的に、NHKは主要な政党には単独で担当を置く。同じ記者が複数の政党を掛け持ちすると信頼されない、ということが理由のようだ。ただし、少数政党が乱立するような状況では変わる。

当然、野党クラブも政局取材がメインとなる。政治部OBが続けた。

「与野党がどこまで握っているのか。それを見極めるのが仕事だ。野党の党首は表向きは政府与党を批判するが、どこかで手を打つ。それがどの段階なのか？　タイミングは？　そういう情報を入手するのが役割となる」

それは平河クラブ、つまり与党だけを取材していても「ダメ」なのだとOBは話した。

「政治家は嘘をつく。そういう生き物なんだよ。公然と嘘をつく。それが政治記者の一番難しいところ。嘘を言われても、それを見極めるのが能力。一方で、口で嘘を言って、目でサインを送る人もいるし、言い方でヒントをくれる人もいる。そこに与党も野党もない。どっちも嘘をつく」

それを見極められるかどうか。「そこで政治記者の真価が決まる」と言う。

ほかには、官庁の記者クラブもある。有名なのは外務省クラブ。これは霞クラブという名称だ。私は9・11アメリカ同時多発テロ事件のとき、応援で政治部のキャップの下で霞クラブに行ったことがある。夕方になって「夜回り懇」があるとのアナウンスが入った。他社の記者がゾロゾロ行くのでついていくと事務次官の部屋に入っていく。私も一緒に入った。ソファーには政治部の記者が座っている。私は入り口近くで立って状況を眺めていた。しばらくすると事務次官が入ってきて、そこから懇談会が始まった。

リラックスした懇談の場といった感じだ。事務次官が外務省の状況をざっくばらんに話し、記者が一言二言、問いかける。「質問」という厳しさはない。誰もメモをとっていなかったと記憶している。

「これがオフレコ懇談ってやつか……」

ここでのやり取りを記事にするか否かは各社の判断だが、「事務次官が明らかにした」とは書けない。ときおり、「外務省首脳は」という主語がニュースに出るが、そうしたニュースの出どころの一つということだ。

「それにしても、これは『夜回り』じゃないだろう」

そう思ったのは、夜回りと言えば、自宅前で夜遅くに帰宅するところを狙って取材することだからだ。もちろん、政治部もそうした「夜回り取材」をしている。なぜ夕方の役所での懇談会を「夜回り懇」と称しているのかはわからなかった。

このほかでは、厚生労働省、総務省、防衛省、文部科学省、法務省などに政治部は記者クラブを持っている。これらの記者クラブには社会部記者が入っているところもある。ここで面白いのが担当分けだ。大臣や副大臣、政務官は政治部が取材する。政治家だからと言ってしまえばそれまでだが、すでに書いたとおり、これは現場ではかなり面倒な状況になる。最終的に大臣に取材をしないと書けないこともあるからだ。そういう情報は政治部を通じて取材する、つまりそうした情報は政治部に把握されるということだ。

防衛省も特異だ。大臣、副大臣、政務官はもちろん、防衛官僚……いわゆる内局も政治部が担当する。そして社会部は自衛隊を取材する。要は、文民を政治部、制服組を社会部が取材するという仕分けだ。ただし、防衛省はその役割が大きくなっていることもあり、政治部と社会部で互いに融通を利かせる形になっているという。

私は小池百合子氏が大臣を務めていたときの環境省を担当したことがある。ここには政治部は記者を置いていなかったので、大臣ともかなり自由にやり取りをしていた。

基本的に、政治部の記者はどこかの記者クラブに所属している形だ。これも社会部とは異なる。社会部は記者クラブに属する記者もいるが、遊軍といって自由に取材する記者もいる。自由度は高い。

いずれにせよ、ここまで書いてきたことは政治部の昼の顔だ。「歴史は夜つくられる」というが、政治部記者がその活動を活発化させるのは当然、日中ではない。

国会審議を追うのは政治部の仕事

日中の政治部の仕事について、一つのエピソードを加えておく。それは国会審議の報道だ。例年一月から一五〇日間にわたって通常国会が開かれる。政治部は政局ばかり取材している、つまり政党間の争いばかり取材していると揶揄されることがあるが、国会の細かい審議を追うのも政治部の重要な仕事だ。

私は政治家の汚職で揺れ、「事件国会」と称されたときに、政治部の国会取材の現場に社会部記者として加わったことがある。場所は国会の一室で、なぜかそこにはNHKの記者だけしかおらず、私以外は政治部の記者が占拠していた。前述の官邸クラブの四席が指揮する中、私を入れて四人の記者で審議を追う。NHKでは、官邸ナンバー4の四席が国会の記事の出稿を担当する。

部屋のテレビ画面には国会の審議が映し出されている。そこにそれぞれがICレコーダーを置いて、審議の内容をノートに書きつづける。私は正直、きつかった。前の晩も夜回りでほとんど寝ていない……などと言い訳はできない。必死でノートをとるが、その文字はミミズのようになっていく。

その合間に四席から、「はい、ここ、記事にして」と指示が出る。指示を受けた記者は自分のICレコーダーで内容を確認して審議のやり取りを原稿にする。長い原稿ではないが、発言を間違うわけにはいかない。そして四席がOKを出すと原稿が出て、放送センターでも審議を追っている政治部デスクが確認したうえでニュースになる。

正直、その大変な作業に驚かされた。原稿は間髪を入れずに出すことが求められる。

それはＮＨＫが毎正時にニュースをやるからだ。午後一時、午後二時といった具合だ。ひたすら書きつづける。当時はまだ新聞社もインターネットでの記事配信は行なっていなかった。こうした体制をとっているのはＮＨＫだけだったかもしれない。

「立岩君、今のどう？　書いたほうがよくないか？」

意識を失いかけたとき、四席に話を振られた。ふっと正気に戻る。「寝てるんじゃねえ」とは私には言わないが、政治部の記者だったら雷が落ちていただろう。

「は、はい」と言って、自分のＩＣレコーダーで確認する。

「五時（のニュース）に入れるので」

四席の叱咤が飛ぶ。

確認すると、警察官僚出身の自民党の大物議員に疑惑の団体から現金が渡っていたことが野党から質問され、それを本人が認めた内容だった。これを見過ごしていたんだから、社会部記者として失格だ。すぐに原稿にして四席に見てもらい、四席の了解を得た。私の出稿なので社会部のデスクに送る。

ところが、しばらくして四席に電話が入る。電話を切った四席が私に言った。

「立岩君、悪い。出稿されない」

え？　と思うと同時に、社会部のデスクから私に連絡が入った。

「これ、出稿を見合わせるから」

国会審議が続いているのでデスクと言い争っている場合じゃない。電話を切って審議に集中した。社会部のデスクの言葉で眠気はさめた。

四席が近づいてきて他の記者に聞こえないように小声で言った。

「社会部の判断らしい。すまない。しかし、おかしな判断だな」

もともと寝過ごしていた私が偉そうには書けないが、実は、奇妙な話ではない。社会部は妙に、この警察官僚出身の政治家に配慮するところがあったからだ。その構図を端的に表現するならば、「政治部：自民党＝社会部：警察官僚」となる。

世の中で「社会部」がどのように見られているかはわからないが、社会部もこういう判断をすることもあるということだ。このときの判断が何かしらの忖度なのか、最終的に誰の判断だったかはわからないが、私にそれを伝えてきたデスクはその後、警視庁キャップ、社会部長から経営企画局長になり、二〇二一年に理事に就任している。

NHKの政治部記者について書いておかねばならないことは、少なくとも国会審議の報道は政治部の懸命な作業によって成り立っている、ということだ。そして、必ずしも政治部の出稿だけがいわゆる「政治的な判断」に影響されているわけではないことも記しておかねばならない。

普通にやっていてネタとれますか？

「天皇崩御のときなんかは政治部も社会部もなかったが、私も家に帰らず赤坂プリンスと官邸を行ったり来たりという日々が続いた」

そう政治部ＯＢは振り返った。

狙いは元号の特ダネ。これは各社もそうだ。令和でも同じだっただろう。その元号選定に関わる人物にマンツーマンで記者をつけたという。

「結果的にはどこも特ダネでは書けなかったが、ある人物のところに、毎日新聞が『平成』ってあててきたんだよ」

ある記者にその情報が入り、政治部でさらに取材を進めたという。結局、書けるだけの確たるものを得ることはできなかったという。毎日新聞はおそらくもっとも先頭を行っていたのだろう。しかし毎日新聞も書けなかった。仮に毎日新聞が蛮勇を振るって書けば特ダネとして後の世まで語り継がれることになっただろうが、もし違っていたら、逆に大誤報として後々まで語り継がれることになる。たしかに、政治部のネタは当たっても外しても大きい。

いささか間の抜けた質問を政治部ＯＢに尋ねた。政治部記者にとって、取材の正攻法というのはあるのだろうか。

OBは、「そういうものはない」と言ったうえで続けた。

「取材の手法っていろいろあるんだろうが、『普通にやっていてネタとれますか?』ってことですよ」

たとえば、「書かないから教えてください」と言う記者もいるという。

「今、テレビで政治ジャーナリストとして活躍している人の中にも、そうやってネタをもらおうとしていた人はいますよ。良し悪しじゃない。ネタは欲しい。どうやってネタをとるか。それはマニュアルになるものではないんですよ」

このOBはそれ以上の取材については答えてくれなかった。「昼間に政治家が話をしてくれる話は、たいした話じゃない」とまでは口にしたが、それ以上は話す気はないとのことだった。では、政治部記者はどうやって政治家から話を聞くのか。

政治部から政治部の話を聞きだすのは難しい。政治部は五〇人という少数だ。内実はどうあれ、外部に対してガードが堅い。平気で内部の悪口を言う社会部とはまったく違う。さらに、情報は必ず洩れることも熟知している。それゆえ、政治部のことを外部に言うことには強い自制が働くようだ。

ここは時間をかけて、話してくれる人を探さねばならない……と思いつつ取材をしていると、話してくれる政治部OBが現れた。

時間と距離は反比例する

表現が難しいが、権勢をほしいままにしたある大物議員に食い込んだことで知られる記者だった。否、過去形を使うと叱られるだろう。このOBは、「政治部記者と政治家との付き合いは一生だ」と話した。もちろん、社会部記者もそういうことはある。私自身、警察担当時の警察官やオウム事件の被害者、司法キャップ時の検察官や弁護士とは今も付き合っている。しかし、そのOBの話から推測するに、政治部記者と政治家との付き合いは、その関係が肉親のそれに近い感じだ。

「朝は自宅に行くんだが、当然、オヤジのところには各社記者が来ているわけだ」

オヤジとは、担当する政治家のことだ。まさに、肉親という感覚だろう。

「先着二名までは箱乗りできる。だから他社より先に着いている必要がある」

つまり二社までがオヤジと一緒に車に乗れるということだ。箱乗りと呼ぶ取材方法だ。記者はその車内での話を頭に叩き込む。

多くの記者はだいたい七時から七時半の間に来るので、その前に行くのだという。

「自宅の敷地内に秘書が住んでいる。そこに滑り込んで寝かせてもらうんだ。ときには朝飯を出してもらうこともあった。秘書との関係が大事なんだよ」

そしてオヤジが出てくると、出て行って、「じゃあ、と言って乗せてもらう」。

大物議員ゆえ、SP、つまり警護がつく。当然、SPも乗車する。どんな感じだろうか。

「助手席にSPと記者が乗って、後ろにオヤジと秘書と記者とが乗るんだ」

オヤジに寄りかかるわけにはいかない。

「まぁ楽じゃないが、そんなこと考えている余裕はないよ。何を言うか、聞き漏らすまいと集中するしかない」

実は、そのときに聞いた会話は、その日に自宅に来た記者とは共有することになっているという。総理番の流儀と同じだ。同乗した二人が代表取材をした形になる。しかし、どこまで共有するのかは同席した二人で決めることが可能だ。

「だいたい、NHKと読売と共同は『御三家』と言われていて、とことん政治家に密着する。で、この三社で情報を分け合うケースは多い」

そうすると、必ずしもすべての情報を共有はしないのか。そう問うと、笑って話題を変えた。おそらく、共有する情報とそうでないものを区別しているのだろう。

箱乗りして自民党本部に着くと、前述のようなルーティンが待っている。しかし、ある程度、記者として経験を積むと、取材の仕方は変わっていく。

「自民党本部の職員っていうのは、基本的に派閥の推薦で採用されるんだよ。だから、職員は派閥とつながっている。ベテラン職員になるといろいろな情報を持っている」

その職員との会話は派閥のトップにも伝わる。それをうまく使って情報収集に努めるという。なるほどと思う。加えて、大事なのは昼寝だという。それは取材が午後から夜にかけて本番を迎えるということもあるが、もう一つ理由がある。その際、どこで寝るかが重要だということだ。

「党の要職の部屋の前にはソファーがある。そこで寝る。すると、たとえば誰が誰の部屋に入ったかがわかる」

誰が誰に会ったか。まさに政治部取材の基本ということだ。もちろん、寝るといっても、横になるわけではない。座りつつ、だ。ずっとソファーを占拠しているわけにもいかない。特別に取材がなければ議員会館へ行って秘書とお茶を飲むという。もちろん、議員とも話す。

夜回りは当然、各社が来る。夜回り取材とは、言うまでもなく、取材対象が夜に帰宅するときに自宅前で取材をする、日本の記者の定番とも言える取材手法だ。オヤジは一言も発しないで家に入ることが多い。そう書くと、じゃあなぜ各社夜回りをするのか、と疑問に思うだろう。それはそれで、「何も話さなかった」というのが重要な情報なのだという。

しかし、話を聞かせてくれたOBは、オヤジとの関係が他社にも知られる密接さだ。「何も話さなかった」などという情報を持ち帰ったのだろうか?

「秘書に、『一回散ってから戻りますから伝えておいてください』と言っておくんだ。

それで各社と一緒に散ってから、また引き返すんだよ」

ときには先に家に上がって待っていることも、「当然、ある」という。

「玄関を入ったところに応接室がある。そこで待っている。すると、入り口で記者を振り切ったオヤジが現れて不機嫌そうな顔で『なんでお前がいるんだ』と言う。で、ビールでも飲みながら、となる」

そこで話が聞けるときもあれば、聞けないときも当然あるだろう。それでもサシ、一対一で会うことが重要なのは私でもわかる。OBは言った。

「時間と距離は反比例するんだよ。長く時間を過ごせば、互いの距離は縮まる」

こうした取材は週末も当然のように行なわれる。それも、時間と距離は反比例するということなのだろう。

電気椅子

別の政治部OBにも話を聞くことができた。そこで面白い話を聞いた。政治部の原稿の書き方、いや、出稿の仕方と言ったほうが正確かもしれない。

国会審議の出稿の仕方は前述したとおりだ。しかし政局につながる取材は、一人の記者の情報で書くわけではない。ここは社会部の記者とは大きく異なる点だ。

社会部も検察取材などで複数の情報にもとづいて記事を書くこともあるが、基本的な骨格は一人の記者の情報で書かれるケースが多い。検察取材であれば、被疑者の供述や捜査で明らかになった内容の記事は、記者からの情報にもとづいてキャップが書く。NHKには記事を書く報道端末があり、その前で取材メモをチェックしつつ書くという形だ。政治部も基本的には同じらしいが、重要な局面ではかなり違ってくるという。

「報道局の政治部の居室に『電気椅子』が置かれるんですよ」

電気椅子？

「いやいや、本当の電気椅子ではないんです。椅子です、椅子。それを政治部長ら含めてデスクで囲むんです。そこに夜回りから返ってきた記者が一人ひとり座らされるんですよ」

部長も同席する？

「ええ、部長も同席します。最終的には部長判断で原稿のトーンが決まるんです。（「電気椅子」の設置は）常に、ではありません。解散するかしないか、重大な政策転換、総理・閣僚の進退に関わるような問題、野党の党内抗争といった政治の重大局面で、居室に置かれます」

OBの話では、通常の朝用原稿は、社会部と同じだという。

「キャップがチェックしたらデスクはほとんど手を入れません。ただし、原稿のトーンというか、リードを最終的に部長が判断することになります」

政治部長自らが原稿に手を入れる……。これは、社会部ではあまりない光景だ。私は過去に官庁の随意契約の問題を特ダネとして報じたことがあるが、そのときは当時の社会部長が最後の原稿をチェックした。これはNHKとして政府と対決する局面であったことと、調査報道という、一歩間違えれば報じた側も大きな痛手を被る状況だから行なわれたもので、通常は社会部長が原稿をチェックすることはない。しかし、OBは普通のことのように、「部長が判断する」と言った。

実際、「電気椅子」の座り心地はどうなのだろうか？

「まぁ、痺れます。だから『電気椅子』です」

「原稿のトーン」というのが大事なのだという。それは電気椅子に座った記者の発言から部長、デスクで検討する……。たとえば、野党が不信任案を出すとする。可決するのかしないのか。それを平河クラブ、野党クラブの記者の情報で確認していく。では、「トーン」とは何か。それはNHKとしてどこまで踏み込むかという原稿のニュアンスだ。仮に、「不信任案が可決する」と言い切れるなら、「不信任案可決へ」と書く。そこまで言えるか、言えないか。誰が「可決」と言い、誰が「まだわからない」あるいは「否決する」と言っているのか。それを、現場を取材している記者の情報をさまざまに突き合わせて、最後は、政治部長が判断するということだ。

「中には、言えない話もあるんですよ。『ここだけの話』というのが」

そこには与野党の担当が揃う。その場で明かせない情報もあるだろう。そういうときはどうするのか。

「部長と廊下に出て、そこで二人だけで話すんです。部長には話します。そこで隠しても意味はないんで」

ＮＨＫの出入り口は複数あるのだが、記者が出入りに多用するのは西口玄関と言われる場所だ。夜の一一時頃に西口玄関を出ようとすると、必ず、多少上気した感じの政治部記者の数人とすれ違う。中にはアルコールを飲んだ後のような表情の記者もいる。

「これから朝用の原稿を出すのか」

そのくらいにはイメージしていたが、まさかそれから「電気椅子」に座らされて取材内容の確認が行なわれているとは知らなかった。

第3章

ＮＨＫという組織、記者という集団

ＮＨＫという組織

ここまで政治部という組織を見てきた。ＮＨＫ会長を輩出するなど、ＮＨＫの方向性に大きく影響を与える部署ではあるが、組織としては政治部というのはきわめて小さな集団だ。ＮＨＫの組織図を見てみると、ここに政治部はそもそも出てこない。

ＮＨＫの組織を簡単に説明しておきたい。

ＮＨＫの組織における意思決定機関は、経営委員会だ。

その経営委員会の下に、会長、副会長、理事がいて理事会を構成する。番組についての決定権を持つのは理事会であり、そのトップが会長ということになる。番組の編集権は会長に属すとされる。ただ、これは放送法に「会長は、協会を代表し、経営委員会の定めるところに従い、その業務を総理する」（第五一条）と書かれているからで、編集権について明確に規定されているわけではない。また、現実に会長が総合波、Ｅテレ、ＢＳ、ラジオのすべての番組についてチェックして意見することなど不可能だ。このため、その権限を各部署のトップが代行し、さらに現場のデスクが代行する形となる。

それはともかく、組織図でも特に目立つのがメディア総局だ。これは多メディア時代を反映して変更された名称で、もともとは放送総局という名称だった。ここにＮＨＫで放送に関わるすべての部署が含まれている。

NHKの組織図

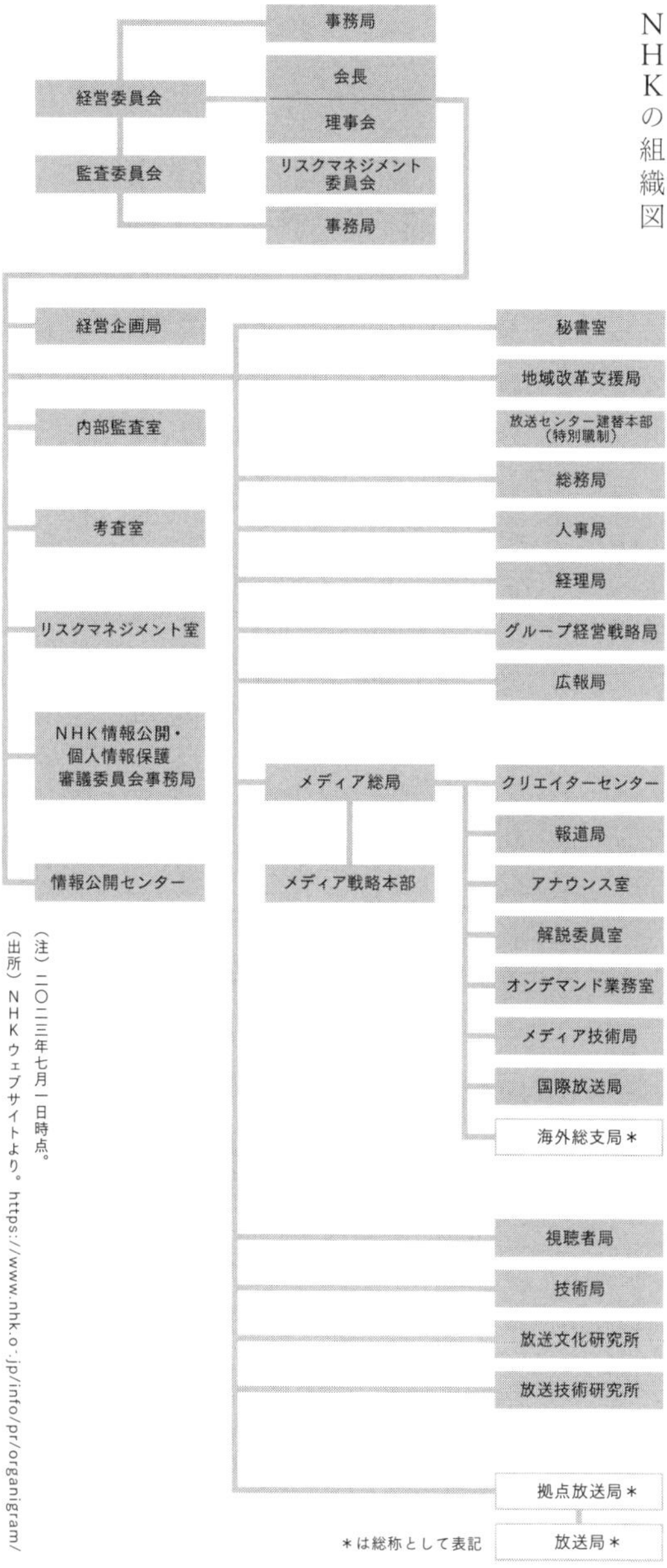

（注）二〇二三年七月一日時点。
（出所）NHKウェブサイトより。https://www.nhk.or.jp/info/pr/organigram/

その中で中枢となる二枚看板が、報道局と、現在は「クリエイターセンター」と名称を変えている番組制作局（直近の名称は制作局）だ。前章で詳述した政治部とは、このうちの報道局の一部署だ。

ところで、この組織図には書かれていないNHKの職制がある。記者とPDがそれだ。このほかにアナウンサー職があることは想像できるだろう。そのアナウンサーの元締めがアナウンス室となる。他に、カメラマン（ウーマン）、編集マン（ウーマン）や、技術部門を担当する技術職、営業や経理を担当する管理部門（管理職と書くと意味が異なるので、管理部門と書く）などがあるが、ここでは、記者とPDについて説明しておく。

まずPDについて。これはプログラム・ディレクターの略で、番組を制作する職種を指す。こう書くと、きょとんとする人も多いかもしれない。記者は番組を制作しないのか？ アナウンサーやカメラマンはどうなんだ？ 疑問が浮かぶかと思う。もちろん、前述のメディア総局に所属するあらゆる職種が番組を制作する立場ではある。しかし番組を提案する立場にあるのはこのPDだ。NHKのあらゆる番組には担当のPDがおり、番組にしようとすれば担当PDを通して提案する形となる。後述する「クローズアップ現代」もそうだ。

NHKはテレビ局なので基本的にPD採用が多い。おそらく全職員に占める割合でもPD職がもっとも多いだろう。現在は民放でもPDという肩書を耳にすることがあるが、もともとはNHKだけで使っていた言葉だ。ディレクターというカタカナが高位の職員をイメージさせるが、入局一年目からPDはPDとなる。一時期、テレビ番組の若手制作者を指す言葉としてAD（アシスタント・ディレクター）が知られたが、

ADはNHKにはいない。このPDの管理職がCP＝チーフ・プロデューサーとなる。番組の方向性を決め、番組の内容に責任を持つ立場だ。

クリエイターセンターと名称を変えた番組制作局はPDによって成り立っている。この部署は主に芸能、ドラマのほか、Eテレの教育、教養番組を制作している。「ダーウィンが来た！」といった大自然を長期間にわたって取材する番組もこの部署の担当だ。また、新たに発見された資料にもとづく歴史ドキュメンタリーなどは、多くがこの部署によって作られている。

PDは報道局でも大きな役割を担っている。報道番組部がそれだ。ここは主に「クローズアップ現代」を制作する部署であり、報道系のNHKスペシャルも多くはこの部署が担う。政治部に代表されるように報道局は記者が強い発言力を持つ部署だとされるが、記者だけではテレビ番組は制作できない。要所でPDが作業を行なうことでNHKの報道番組はできている。

バンセイとホウバン

「現在はクリエイターセンターと呼ばれる番組制作局」という説明をしたことには意味がある。この「番組制作局」にいるPDを「バンセイ」と呼ぶ。そして報道系のPDを、「報道番組部」からとって「ホウバン」と呼ぶ。

このバンセイとホウバンは、少なくとも私がNHKにいた二〇一六年までは強いライバル関係にあり、そうした部署を離れて地方局に行っても、「あいつはバンセイだ」「こいつはホウバンだ」といった識別が行なわれていた。このバンセイとホウバンは、本書の至るところで出てくるので、頭に入れておいてほしい。

そして、記者だ。NHK全体で見ると多くはないが、政治部に代表されるように、報道局はもちろん、メディア総局全体で強い発言力を持つ集団だと言ってよい。

ちなみに、報道局には記者とPDのほかに、カメラマン（ウーマン）、編集マン（ウーマン）が配属されているが、トップの報道局長には記者しかなっていない。後述するようにPDでも政治部記者以上に政治に食い込んでいる職員もいるし、なにより、報道番組はPDによって制作されているのだが、これまで報道局長にPDが就任したことはない。つまり報道局は、実態はともかく、形式的には記者によって成り立っていることになるが、正確にいうと、政治部記者によって成り立っているというのが実態に近い。過去の報道局長について言えば、圧倒的に政治部記者が就いているからだ。

ただし、政治部がすべてを仕切ることはできない。そのバランサーとしての役割を担っているのが、もう一つの記者集団である社会部だ。そのほかに、経済部、国際部、科学文化部、スポーツ報道部、テレビニュース部があるが、政治部と張り合える存在としては、社会部ということになるだろう。

実は、NHKに記者制度ができたのは、戦後に社団法人日本放送協会が廃止されて、新生NHKができた後のことだ。戦前、戦中の日本放送協会はニュースの自主取材はしておらず、国策会社である同盟通信の配信記事を放送用に書き直してアナウンサーが読んでいた。戦後に新聞社が主体となった民放ができたこともあり、NHKはそれへの対抗という意味もあって自主取材を行なうことを決めて記者を採用、教育しはじめるが、その際に、新聞社の制度をそのまま採用し、政治を取材する部署と、事件・事故を取材する部署を作った。それが現在の政治部と社会部の始まりだ。

社会部という組織

NHKに記者として採用されると、まずは地方局に配属される。そこで頭角を現すと東京、大阪といった本社的な大局に異動する。そこには一種のヒエラルキーが存在しており、NHKの場合は圧倒的に東京に強い権限が与えられている。それは、各地方局も前述の組織図の中で機能しているという点が大きい。私は沖縄放送局に配属されたが、私の上司のデスクは社会部から来ていた。デスクは現場で取材を指揮するとともに、東京の社会部と連絡をとりあって部下の記者を東京に売り出すといった役割も担う。

そういう中で、私は沖縄局で四年目を迎えた時期に起きたオウム真理教事件で社会部に派遣される。それまでも、沖縄局で嘉手納騒音訴訟や知花昌一氏が国体で日の丸を焼いた事件の裁判などで社会部記者と接することはあったが、実際に社会部で仕事をするのはそれが初めてだった。

メディアにあって、政治権力に近い政治部と比べて、社会部はクリーンなイメージで語られることが多い。社会部記者の代名詞としては「事件記者」というものがある。そこには悪と対峙するジャーナリストというにおいが漂う。しかし、実際にはそれは一種の「神話」でしかない。

私のオウム真理教取材での社会部体験を書いておきたい。社会部は当時、一〇〇人近い記者が配属されていた。その中にあって警視庁クラブと司法クラブ（地検特捜部や裁判を受け持つ）が大きな役割を担っており、そこにキャップ以下、複数の記者が配置されていた。また行政機関としては、当時は分かれていた厚生省、労働省といった市民生活に直結する役所や、これも当時は分かれていた文部省と科学技術庁などの役所に記者を複数配置して取材を行なうほか、特定の部署を持たない遊軍班に所属する記者がいた。しかしオウム真理教事件ともなると、その全取材がこのカルト集団の取材にあたっており、それに加えて全国から若手記者が集められて取材にあたるという体制だった。

もちろん、地下鉄サリン事件に代表されるオウム真理教の犯罪を考えれば、それは当然とも言えるかもしれない。しかしそれだけの体制を組む最大の理由は、ＮＨＫにこの教団についての情報がほとんどなかったことにあると考えられる。私は警視庁クラブで先輩記者の指示にしたがって取材をしていたが、最初に与えられた仕事は大宅壮一文庫へ行って、オウム真理教に関する過去の雑誌記事をコピーしてくることだった。また、午後の民放のワイドショーを見て報じられた内容を書きとるという仕事もした。

NHKという日本最大のメディアによるオウム真理教取材の、それが実態だった。それには理由がある。社会部の記者の配置で触れたように、NHKの記者は捜査機関、行政機関に張り付く。だから捜査の動き、政府の動きを把握するのは得意だ。ちなみに、私は後に大阪で司法キャップを務めるが、そのとき、親しくしていた地検特捜部の検事から、「検察幹部にとってNHKと朝日新聞は別格だ」と言われたことがある。つまり、一般的にリークとされる情報の提供先としてNHKと朝日新聞は重要視されているということだ。

しかし、そこには穴がある。それは公的な機関ではない存在、つまりオウム真理教などの得体の知れない存在については情報が入ってこない、ということだ。社会部には行政機関に張り付かない遊軍班があると書いたが、その班も公的な部門を割り当てられており、そうした部署を取材するケースが多い。私が社会部で遊軍班だったときも会計検査院と国会を担当として持たされており、その後に問題となる統一教会について取材していたといった事実はない。

オウム真理教の取材に話を戻す。私はここで幸運にもスクープとされる記事を出す。

それはオウム真理教によって殺害された目黒公証役場事務長の妹、仁科愛子さんのインタビューだった。仁科さんは資産家で、その資産を狙われてオウム真理教に半ば拉致される状況となるが、隙を見て逃げ出して友人宅に駆け込み、その後は警視庁に重要な証人として保護されていた。その警護役にあたっていたのが、たまたま私が沖縄局時代に親しくしていた沖縄県警の捜査員で、当時は警視庁に派遣されて仁科さんの警護を担っていた。彼と話をして、仁科さんの語るオウム真理教の実態を放送しようという話になり、仁科さんの了解を得てインタビューを撮った。その内容は、麻原彰晃が信者を支配下におくための、「イニシエーション」と呼ばれたさまざまな手口を明かす衝撃的な内容で、当時の警視庁キャップの判断ですぐに「クローズアップ現代」の制作が始まる。当時はＮＨＫ内にもこの教団の信者の出入りが懸念されたため、この番組の制作場所周辺は関係者以外立ち入り禁止となる厳戒態勢での制作となる。放送後は大きな反響を呼び、さらに「ＮＨＫスペシャル」が制作される。このＮスペは視聴率が三〇％を超える異例の高視聴率番組となった。

と、自慢話を書いてきたが、それには理由がある。こうした状況は、若い記者にすれば活躍の場となるが、同時にそれは報道局からすれば、「人買い」の場となる、ということだ。そして私に社会部への異動の提示が行なわれる。この自慢話は、その後に起きたある事実を書くための前振りでしかない。

「クローズアップ現代」の放送が終わった後、そのまま社会部に異動するかどうか、決めあぐねていたときのことだ。社会部の居室で資料の整理をしていたところ、司法取材で新聞社などから一目置かれていた某デスクから、「こっちに来い」と呼ばれた。

近寄ると、「どうだ、社会部に来る決心はついたか」と笑顔で話しかけられた。「決めかねている」と言おうか言うまいか、とまどっていると、一枚の紙を渡された。それは社会部記者の名簿で、記者の名前と年次、社会部に在籍した年数が書かれていた。よく見ると、二〇人ほどの記者の名前のところに黄色の蛍光ペンで線が引かれていた。そしてデスクが言った。

「その線を引いた人間には話をしてよい」

私は驚きを顔に出さずに、「はい」と応じて紙を上着の内ポケットにしまった。デスクは涼しい顔をして、自分の作業に戻っていた。

当時のNHK社会部はそのデスクと、私が応援記者として配属された警視庁クラブのキャップが二大派閥を形成していることが言われており、前記の「クローズアップ現代」を一緒に作ったホウバンPDの話からも、気を遣うことが多いと耳にしていた。しかし、実際に派閥の実態を紙で見せられると、他人事ではなくなる。私は社会部への異動話を断って、沖縄に戻ることにした。

私は沖縄に戻った一年後、希望して報道局の国際部に行き、テヘラン特派員になるが、その後、また希望して社会部に異動している。当然、派閥の影響を受けることになるが、その話はこの辺にして、本論の、社会部とは何かに話を進めたい。

社会部と政治部は違うのか

「事件記者」として悪と対峙する社会部――というのが「神話」であることはすでに書いたが、それはつまり、社会部も権力機構の取材を主眼としていることにおいて、政治部と変わらないからだ。その権力構造が政治ではなく、警察、検察といった捜査権力であるというだけの違いだ。前述の社会部デスクは、時の検察トップである検事総長との近しい関係が知られていた。私個人が直接本人から聞いた話だが、NHKの正午ニュースの前に検事総長自身からデスク宛てに電話が来て情報がもたらされたこともあるという。その内容は当然、NHKの正午のニュースのトップで報じられ、それを見た新聞、通信、民放の各メディアが追いかけることになる。それは「スクープ」としてNHK内でも高く評価され、デスクの局内での地位を高めていく。

政治部と何が違うのだろう。政治部OBの言葉を思い出してほしい。「時間と距離は反比例する」だ。これは、実は政治部だけの話ではない。社会部でも同じことが言われており、それは実践されている。

違うのは、その対象が政治家でないという、ただその一点だ。警視庁であれば警察幹部や現場の捜査員、検察庁であれば検察幹部や特捜部の検事や事務官。朝晩に自宅前で接触し、休日にゴルフや山登りをともにする。飲食をともにすることも当然にある。オウム真理教被害者の仁科さんへのインタビューを実現してくれた捜査員について言えば、私自身、沖縄県警を取材しているときに、ほぼ毎晩、日付が変わる頃に飲み屋で会っていた。つまり、私自身もきれいごとを言えた人間ではない。

ただし、私自身はそういう取材に疑問を抱くようになっていった。そして捜査当局の取材ではなく、政府への情報公開請求などから政府にとって不都合な事実を明かすことに力を入れていくことになる。その一つが二〇〇六年に報じた「随意契約問題」だった。

これは環境省が過去に発注した事業の資料を情報公開請求で入手して検証したもので、そのほとんどで会計法が定めた一般競争入札が行なわれておらず、役所が独断で発注先を決められる随意契約が行なわれていたことを明らかにした。スタートして間もない「ニュースウオッチ9」の特集として報じられた。その影響は大きく、国会で随意契約問題が議論となった。結果、全省庁で随意契約が多数を占めていることが明らかになり、当時の小泉政権は随意契約の原則禁止を決めている。

ところがこの番組でひと悶着があった。実はこの「ニュースウオッチ9」では、出演する記者は用意した原稿を読まずにキャスターの柳澤秀夫氏らとやり取りすることになっていた。担当のCP（チーフプロデューサー）は沖縄局で駆け出しの頃から面倒を見てくれた先輩のホウバンPDで、「立岩、俺たちはこういうニュースを出すためにこの番組（ニュースウオッチ9）を始めたんだ」と言ってくれた。そして番組で、このニュースが報じられ、スタジオに原稿を持たずに入った私は、柳澤氏の問いに答えて問題の深刻さを伝えた。最後に柳澤氏から「政府はどう対応するんでしょうか？」との問いが発せられ、私は「政府が問題を放置するなら徹底的に追及します」と答えた。終わってスタジオを出た私を先輩のCPが笑顔で迎えてくれた。

ところが、スタジオを出た先の社会部の居室に戻ると部の幹部から呼び止められ、「立岩、お前、なんてことを言ってくれたんだ」と叱責を受けた。幹部の話では、「政府を徹底的に追及する」など、NHKの記者が口にすべき話ではない、ということだった。「ニュースウオッチ9のスタッフに謝ってこい」とまで言われ、仕方なく番組のところに行って説明すると、先輩CPらから、「立岩、そんなのに負けるな」と逆に励まされた。

後日談的に書くと、この報道の後に私は当時の社会部長から大阪行きを告げられる。そのときに考課表を見せられて驚いたのは、私の評価が「B」となっていたことだった。これは一番上の「S」、次の「A」のさらに下で、言い方を変えると「特上」「上」の下の「並」といったところだ。

随意契約問題の報道は国会で取り上げられ、国を動かした。その年の社会部でそれだけの取材をした記者を私は知らない。それに「並」がつけられたことに驚いたが、そのとき、部長が言った次の言葉も忘れられない。

「あの取材で、NHKも随意契約を見直さざるをえなくなった。それをどうこうは言わないが、大阪ならお前の好きなように調査報道ができる」

本書の冒頭で触れたシンポジウムのエピソードには、実は続きがある。あの後、私たちは海老沢会長に辞任を求める記者職の意見書をまとめて経営側に提出している。もちろん、政治部記者を中心に多くの反対がある中で説得を重ねたものだが、反発も強く、報道局内に私がいつづけることは困難になっていた。そうした事情から、報道局、つまり東京から出されることになることは薄々感じていた。しかし取材結果を「B」とされ、報道局では「好きなように調査報道」ができないという物言いには落胆せざるをえなかった。

さらに後日談的に書くと、大阪で私は司法キャップを四年間務めることになる。これは裁判に加えて地検特捜部の捜査、大阪以外の関西一府四県の事件取材も指揮する激務だったが、正直に言えば、随意契約問題のような世の中を変えるような取材をしたわけではない。恥ずかしい話、奈良放送局が事件報道で誤報を出したときはそれを阻止することができなかった。ところがこの四年間の私の評価は「S」、つまり「特上」だった。これが社会部記者の評価の基準ということだ。それは捜査機関という権力を取材することが重視されるということを物語っているといってよい。つまり、社会部も政治部も求められている最大の役割は権力への肉薄だということだ。

当然、それは権力監視ではなく、権力からいかに情報をとるかということに主眼が置かれる。権力に対する「指南書」を社会部記者が書く事態があっても、それは驚くようなことではない。

第4章

NHK理事とは何か

局長の上の存在

ＮＨＫの社会部記者として日々、全国ニュースを出し、「クローズアップ現代」や「ＮＨＫスペシャル」で番組を作っていたとき、上司として接するのは直属のデスクかその上の社会部長だった。ただ、報道局のトップである報道局長を意識することはある。たとえば、報道局長賞というのがある。賞状と金一封が出るわけだが、その賞状には、たとえば「大阪市内のある印刷会社で、新旧の従業員における胆管ガンの罹患率が日本国民の平均に比べて極端に高いことをスクープ。社内で当時使用していた洗浄剤にジクロロメタンが含まれていたことを突き止めた末に、全国ニュースでの報道につなげた」などと書かれている。ちなみに、この文言は私を紹介するウィキペディアからそのまま借用したもので、これを読めば、この内容はＮＨＫのＯＢが書いたのであろうことが推測できる。それはさておき、報道局長の発する言葉は報道局メモや各部の部長からすぐに下りてくる。

私自身、報道局長との直接のやり取りは数回程度だが、ある。私はテヘラン特派員の任を、イラン政府当局による逮捕、強制送還という措置で終えたわけだが、その帰国日に行なわれた報道局国際部の忘年会でのことだった。二〇代だった私をテヘラン特派員に抜擢してくれ、「お前の仕事はただ一つ、特ダネをとることだ。お前にはそれができる」

と送り出してくれた国際部長はすでに退任していた。新たに就任した国際部長からは帰国に際して、「君はNHKの先輩がたが苦労して築いたイラン政府との信頼関係を根底から壊してくれた」と非難されており、身の置き場のない宴の場だった。そのとき、目のあった報道局長から「こっちに来い」と目くばせされた。行ってみると小声で次のように言われた。

「いろいろ面白い取材をしていたじゃないか」

「はい。ありがとうございます」

「で、特派員は面白いか？」

「いや、それが血わき肉躍るという取材とは無縁で……」

「だから言っただろう」

この報道局長は、社会部長だったときにオウム真理教取材を指揮しており、私のことは昔からよく知っていた。その際に社会部への異動を間接的に勧められたわけだが、前述のとおり、私は沖縄局に戻る判断をし、その後、国際部を選択していた。

「わかった。後はこっちがやる」

報道局長はそう言って、私から離れた。その数カ月後、私に社会部への異動の辞令が出た。

報道局内の人事をトップの報道局長が決めると聞けば、それは当然だと考えるかもしれない。しかしNHKのような巨大組織になるとそう簡単ではない。人事は玉突きを生むわけで、一人が動けば全体が影響を被る。だから人事は数年間かけた計画の中で動くことになる。それを瞬時に決めてしまったわけで、「やはり報道局長とは偉いものだ」と、思わせられた。

ところが、実は、報道局長が最終決定者というわけではない。さらにその上に報道担当の理事がいるからだ。もちろん、理事は個別の職員の人事に関わることはないだろう。しかし最終的な判断は、私などの普通の職員が「偉いものだ」と思う局長ではなく、そのさらに上の人物が行なうということだ。

NHKは官僚的な組織だと言われる。私もそうだと思う。それは組織に一定の秩序を持ち込む役割を担っているとも言えるだろう。巨大な組織を動かすには官僚制度の導入が好ましいということなのかもしれない。その是非はともかく、その官僚機構のトップにいるのが会長であることは間違いない。

そしてその会長を支えるのが、局長の上に存在する理事ということになる。

NHKの理事とはどのような存在か

放送法には次のように書かれている。

第四十九条　協会に、役員として、経営委員会の委員のほか、会長一人、副会長一人及び理事七人以上十人以内を置く。
第五十条　会長、副会長及び理事をもって理事会を構成する。
2　理事会は、定款の定めるところにより、協会の重要業務の執行について審議する。
第五十一条　会長は、協会を代表し、経営委員会の定めるところに従い、その業務を総理する。
2　副会長は、会長の定めるところにより、協会を代表し、会長を補佐して協会の業務を掌理し、会長に事故があるときはその職務を代行し、会長が欠員のときはその職務を行う。
3　理事は、会長の定めるところにより、協会を代表し、会長及び副会長を補佐して協会の業務を掌理し、会長及び副会長に事故があるときはその職務を代行し、会長及び副会長が欠員のときはその職務を行う。
4　会長、副会長及び理事は、協会に著しい損害を及ぼすおそれのある事実を発見したときは、直ちに、当該事実を監査委員に報告しなければならない。

NHKには会長、副会長のほかに、理事が七人から一〇人の範囲でいるということだ。その業務は、「会長の定めるところにより」、「会長を補佐して協会の業務を掌理」するものだ。一般の企業における取締役という理解でよいだろう。理事への就任は、名実ともにＮＨＫの経営幹部への就任を意味する。その任期は三年。もちろん、再任はある。当然だが、会長、副会長、理事は定期的に会合を開いている。これを理事会と呼ぶ。理事会とは、ＮＨＫによると次のようになる。

理事会は、放送法第五〇条に、会長、副会長、理事をもって構成し、協会の重要業務の執行について審議すると規定されています。

原則として、毎月二回開催し、例えば、「放送番組の編集の基本計画」や「予算・事業計画」など経営委員会に諮る事項やそれ以外の重要事項の審議を行う他、協会の各部局から業務遂行状況等の報告を受け、必要な検討を行っています。

また、理事会の開催日時、出席者名、議案、議事の概要等を記載した議事録を公開しています。

ＮＨＫの業務執行についての決定を行なう場が理事会ということになる。ＮＨＫには経営委員会があり、理事の選任といった理事会での決定を経営委員会が了承する形になる。そのため、表向きはＮＨＫの最高意思決定機関は経営委員会とされるが、ＮＨＫの中での業務を決めるという意味では理事会が事実上の最高意思決定機関と言ってよい。

理事の中でも特に重要な位置にいるのが、「放送統括」（後に「メディア統括」）と称されている理事だ。現在ではメディア総局長、かつては放送総局長と呼ばれ、紅白歌合戦で優勝旗を手渡すのはこの役職の年越しの重要な仕事だった。

その下に制作と報道のそれぞれの担当理事がいる。本書で「バンセイ」と「ホウバン」というNHKの内部用語で伝えてきた二大部局を指している。バンセイとは番組制作の略で制作局の職員を指し、ホウバンは報道番組の略で報道局の職員を指す。音楽番組、ドラマ、教養番組などを担当するのが制作局で、ニュース番組を担当するのが報道局。国際放送は報道局に事実上従属する部署と位置付けられている。基本的に、制作担当の理事はバンセイのPD出身者、つまりバンセイPDが「原籍」の幹部職員が就き、報道担当の理事は記者出身、つまり記者が「原籍」の幹部職員が就く。

二〇二〇年に就任した第二三代の前田晃伸会長時は、正籬《まさがき》聡副会長に「放送統括」、つまり放送総局長（途中からメディア総局長）を兼務させていた。そして制作担当に若泉久朗専務理事が就き、報道担当に小池英夫理事が就いた。二人は副総局長という立場でもある。言うまでもなく若泉理事はバンセイPDが「原籍」であり、小池理事は元政治部記者で、記者が「原籍」だ。ちなみに若泉氏は理事退任後にジャニーズ事務所（現SMILE-UP.）の顧問に就任したことが報じられている。

前田体制では政治部記者が冷遇され、かわって社会部記者が重用されていたとの話がささやかれた。たしかにこの時期に「原籍」が社会部記者の幹部職員が多く理事に就任している。それゆえに次の稲葉新体制は政治部の逆襲という言い方もされた。

それは本当なのだろうか。たしかに、元政治部長の井上樹彦氏が副会長となり、同じく政治部長経験者の小池氏が専務理事で残り、加えて「原籍」が政治部で海外特派員を務めた傍田賢治氏が理事になっている。その一方で、社会部記者で理事に残ったのは中嶋太一氏のみとなった。それだけ見れば、前田体制で急激に勢力を伸ばした社会部勢に対して稲葉体制で政治部が巻き返したと言う人は出てくるだろう。NHKの内部はそういう話が好きな人間が多いことも付言しておこう。

一方で、前田体制の進めたNHK改革に対して職員内部から批判が出ていたことは事実だ。その「改革」はNHKをメディア、ジャーナリズムとして位置づけるのではなく、前田氏の出身母体である銀行のように捉えていた感が強く、私自身も批判的に見ていた。その前田体制の「改革」を強引に進めたのが社会部出身の理事だったことも内部から指摘されていた点だ。その中には、そもそもジャーナリズムとは無縁と評されていた人物もいた。

たとえば、ジャーナリズムの一つの役割として政府の問題を掘り起こす調査報道というものがある。私はNHK時代の後半は努めてこの調査報道に取り組んでいた。それが世界のジャーナリズムでもっとも価値の高い取り組みと認識されているからだが、その認識は日本の報道の世界でも異なるものではなかった。その中でいくつか成果を出したものもある。その一つに、大阪の印刷会社で従業員が胆管癌を発症して相次いで死亡するケースがあり、それを調査報道する中で、原因となる化学物質が規制されずに印刷業界を中心に大量に使われている実態などを明らかにすることになるのだが、その内容の報道を止めようとした人物がいる。その人物は社会部の先輩であり、当時の「ニュース7」の責任者だった。その人物は前田体制で理事となり、その「改革」を推し進めた人物と内部で指摘されている。そのときのやり取りの詳細は「あとがき」に譲るが、その人物が言い放ったのは、政府が認定していない内容を報じることは問題だというものだった。

　言うまでもないことだが、報道機関は政府が認めない内容でも必要があれば報じる。仮に政府が否定していようが、報じなければいけない内容もある。それが報道であり、ジャーナリズムの基本だ。このエピソードは海外のジャーナリストが集まる会議などで語ることもあるが、どの国のジャーナリストも「本当か？」と目を丸くする。

　稲葉延雄会長の体制が始まって、理事のメンバーの顔触れは変わった。副会長に井上樹彦氏。専務理事に小池英夫、竹村範之、山名啓雄の各氏。理事に、根本拓也、中嶋太一、安保華子、熊埜《くまの》御堂《みどう》朋子、寺田健二、傍田賢治、平匠子、黒崎めぐみの各氏。このうち井上副会長、小池専務理事、傍田理事、根本理事、中嶋理事の五人の原籍は「記者」ということになる。黒崎理事はアナウンサーであり、その異例の抜擢が大きく報じられた。必ず技術職が就く理事ポストに就いた寺田氏、アナウンサーで理事になった黒崎氏を除くと、稲葉体制を支える一〇人のうち五人が「記者」ということになる。政治部、経済部、社会部といった細部にこだわらずに見た場合、たまたまとはいえ、原籍「記者」がまだNHKの経営で幅を利かせている状況とも言えるだろう。いずれの「原籍」であろうとも、少なくとも外国のジャーナリストが目を丸くするようなエピソードの持ち主は経営幹部にならないほうがよいだろう。

第5章

経営委員会とは何か

かんぽ報道問題と経営委員会

経営委員会の名が知られるようになったきっかけは、毎日新聞が最初に報じて明らかになった「かんぽ報道問題」だろう。これはかんぽ生命保険の不正販売を報じた「クローズアップ現代＋」の取材手法などをめぐり、日本郵政グループがＮＨＫに抗議するとともに経営委員会に検証を求めたものだ。問題は、経営委員会がその求めに応じて、当時ＮＨＫ会長だった上田良一氏を厳重注意した点にある。その際、当時委員長代行だった森下俊三氏（後に委員長）らが「ガバナンス」を名目に番組制作手法を批判したことが報じられている。

では、これの何が問題なのか？

経営委員会について考える際に、放送法という法律は避けて通れない。経営委員会はその設置、権限が放送法で決められた公的な機関だからだ。それによるとかなり広範囲に経営委員会が議決権を有している。たとえば、ＮＨＫの経営に関する基本方針、ＮＨＫの業務や「その子会社からなる集団の業務」（原文）に必要な体制の整備、収支予算、事業計画及び資金計画など、その範囲は広い。しかし、同時に、次のように放送法では規定されている。

「委員は、この法律又はこの法律に基づく命令に別段の定めがある場合を除き、個別

の放送番組の編集その他の協会の業務を執行することができない。」（第三二条）

「協会」とはNHKのことであり、この条文は、経営委員会がNHKの番組内容に介入することを禁じたものだ。つまり「ガバナンス」を名目にしようとも、個別の番組である「クローズアップ現代＋」の編集権に口出しをすることは、放送法に違反する行為になるということだ。

経営委員を務めた経験を持つ上田会長は、森下氏らの対応は放送法に違反する恐れがある旨を伝えたとの報道もある。この詳細をNHKは明らかにしておらず、これについては元NHKプロデューサーの長井暁氏らがNHKに当時の経営委員会の会議を録音したデータの開示を求めて提訴し、二〇二四年二月二〇日、東京地方裁判所がNHKに対して録音データの開示を命じている。長井氏は一連の動きを『NHKは誰のものか』（地平社）にまとめているので、詳しくはそちらをご覧いただきたい。

この問題は経営委員会の存在をクローズアップさせただけでなく、経営委員会のNHK内での存在の大きさをも印象付けるものとなった。

たしかに経営委員会は、NHKの方針を承認し会長の人事権を持つ。NHKの最高意思決定機関とされる。そして「かんぽ報道問題」では、その権限が編集権にまで及んだ疑惑が指摘されているわけだ。しかしその権限は、従来は「名ばかり」のものだったことはあまり知られていない。

そもそも経営委員会とは何かという説明から始める必要がある。

私はある人物を訪ねて八王子まで行った。それは新型コロナウイルスの感染爆発が起きつつあった二〇二〇年四月のことだった。そして駅前のホテルの喫茶ルームで一人の老紳士と向き合った。

「最近は記憶も定かでなく、どこまで質問に答えられるかわかりませんが、可能な限り答えさせていただきます」

そう話したのは堀部政男氏。一九九九年一二月から二〇〇五年一〇月まで、二期六年にわたってＮＨＫの経営委員を務めた。その際、委員長代理も務めている。一橋大学教授、中央大学教授などを務め、国の個人情報保護関連法のすべての成立過程に関わってきた個人情報保護法の専門家だ。

ちなみに私は学生時代、法学部教授だった堀部氏の講義を受講している。大柄でよく通る声が印象的だが、常に穏やかな話し方をする紳士という印象だった。それを話すと堀部氏は「そうですか」と穏やかな笑みを見せた。

経営委員就任までのいきさつ

堀部氏はどのような経緯でＮＨＫの経営委員になったのだろうか。尋ねてみた。

「郵政省（当時）の審議官から呼ばれて、『ＮＨＫの経営委員にお願いします』と言われたんです」

これには、一瞬ドキリとした。NHKはその評価はともかく、建前は政府から独立した放送局であり、報道機関だ。その最高意思決定機関である経営委員を政府が決めるのは、頭ではわかっていても、その人選の最初も政府で行われているという話にいささか驚かされた。

堀部氏は、同意が得られるまで公表はできないと釘を刺されたことを覚えている。

「国会の同意が必要だからです。NHKの経営委員会は国会同意人事ですから」

そして国会同意人事が得られて、就任が「ニュース7」で報道されたという。

「その後にNHKの会長秘書室から連絡が入って、秘書室長から『経営委員、お願いします』との話がありました」

秘書室長が「説明したい」というのでNHKに行くと、「任命権者に挨拶する」と言われたという。

任命権者とは誰か。経営委員会については放送法に規定されている。二八条に「協会に経営委員会を置く」と書かれている。そして三一条には「委員の任命」として次のように書かれている。

「委員は、公共の福祉に関し公正な判断をすることができ、広い経験と知識を有する者のうちから、両議院の同意を得て、内閣総理大臣が任命する。この場合において、その選任については、教育、文化、科学、産業その他の各分野及び全国各地方が公平に代表されることを考慮しなければならない」

つまり内閣総理大臣に挨拶に行くのだという。それはどのようなものだったのか？

「ＮＨＫの官邸キャップから連絡が入り、官邸に行くんです。当時は小渕総理、青木官房長官でした」

ＮＨＫで官邸を取材する記者のトップである官邸キャップについてはすでに触れた。

堀部氏が経営委員に任命されるのは、経歴から見て不思議ではない。放送法に書かれているとおり、「教育、文化、科学、産業その他の各分野及び全国各地方が公平に代表されることを考慮」した結果、ということだろう。

事前にＮＨＫから何か接触はあったのだろうか？

「ＮＨＫとは個人情報保護の方面でやり取りはありましたが、経営委員の話はありませんでした」

小渕恵三総理、青木幹雄官房長官に会ってどういう話をしたのだろうか。

「よろしく、という程度だったと思います。記憶に残るようなやり取りはないですね」

堀部氏は二〇〇二年に再任されている。その際にも官邸に行き、時の小泉純一郎総理にも挨拶したという。

「小泉総理は、『ＮＨＫは歴史もの番組についていいのがあるねえ』などと言っていましたけど、その程度のやり取りですよ」

ただし、福田康夫官房長官とのやり取りは記憶に残っている。

「『NHKのお目付け役、ご苦労様です』と言われました。お目付け役と言えば、まさにそういう立場ですからね」

経営委員の日々の業務

しかし、実際には当時の経営委員会は「お目付け役」の役割さえ担える存在ではなかった。それを堀部氏は後に痛感することになるのだが、ひとまずその話は後に譲る。まずもって、経営委員会の業務はどういうものか。

「月に二回、経営委員会が開かれます。私のときは火曜日の一五時から一七時まででした。何かあれば臨時で開くこともあったかと思います」

その中でNHKの業務についてチェックをするということだ。ひらたく言えば、NHKの方針を承認するのがその役割だ。会長を決めるというのは当然、日々の業務ではない。では、日々の業務とは何だろうか。

たとえば、「かんぽ報道問題」が注目を浴びていた二〇二一年四月六日の経営委員会でのやり取りから拾うと次のようになる。

令和二年度「経営委員会委員の服務に関する準則」順守の確認書について確認。

二〇二一年度の「視聴者のみなさまと語る会」の第二回目として、関西二府四県の学生を対象に、「オンライン学生ミーティング（関西）」を二〇二一年六月四日金曜日に開催することを決定。

もちろん、これだけではない。この日はこの二件を確認・決定した後に、執行部から説明を受けて案件を議論している。

まず前田会長が入ってきて役員報酬について説明。それについて審議している。審議中は前田会長は退席し、審議が終わると入室。そして審議の結果を伝えている。

必要に応じて会長、副会長、理事が入室して説明をする形となっている。たとえばこの日、松坂千尋理事がＮＨＫの予算が審議された衆参両院の総務委員会について報告している。議事録に次のようにある。

「ＮＨＫの『令和三年度収支予算、事業計画及び資金計画』は、衆議院総務委員会で三月一八日と二二日に、あわせて五時間の質疑ののち採決が行われ、賛成多数で承認されました。三月二三日の衆議院本会議でも賛成多数で承認され、参議院に送付されました。三月三〇日に開かれた参議院総務委員会では四時間の質疑が行われ、賛成多数で承認されました。三月三一日の参議院本会議でも賛成多数で承認されました」

面白いのは以下の記述かもしれない。

「ことしの審議では、ＮＨＫ改革の進め方をはじめ、訪問によらない新しい営業活動や受信料制度のあり方、放送波の整理・削減や災害報道、『かんぽ報道』をめぐる経営委員会議事録の開示などについて質疑が行われました」

「かんぽ報道」とは冒頭で述べたとおり、森下経営委員長の対応の問題だ。ただし、松阪理事は質疑での前田会長の発言を紹介しているが、その中に「かんぽ報道」に関するものはない。

森下委員長の発言も記載されている。次のようになっている。

ただいまの報告を受け、私からひとこと申し上げます。令和三年度のNHK予算が国会で承認されました。前田会長以下、役職員が誠意を持って説明を尽くしていただいたおかげだと考えます。本当に、お疲れ様でした。

新型コロナウイルスの感染拡大はいまだ収束しておらず、引き続き難しい経営のかじ取りが求められる中、「新しいNHKらしさ」を掲げる中期経営計画の初年度のスタートを切ることになります。

予算の執行にあたっては、NHKが受信料で支えられていることを十分に自覚しながら、全役職員が一丸となり、スリムで強靭な「新しいNHK」になるための改革を力強く進めていくことを期待しています。

経営委員会としても、執行部の取り組みをしっかり監督し、その職責を全うしていきます。

「え？『かんぽ報道』についてはどうなっているんだ？」と突っ込みを入れたくなる内容だが、これはあくまで概要だ。実際の審議そのものがどうだったかは明らかではない。

この概要には当然、批判がある。たとえば冒頭の森下委員長がＮＨＫの番組に関与したとされる問題。これも経営委員会の議事録の概要を読んでも内容が明確ではない。ただし、概要を作るにも会議は録音されているはずだ。前述の長井氏らの訴えたのはこの録音データの開示で、それを確認できれば実際のやり取りが明らかになる。

ところで、かつての経営委員会はこの概要も公表していなかった。堀部氏が語る。

「私が経営委員になったときはそもそも、会議の内容を公表するという考え方がありませんでした。それで、私から当時のＮＨＫの人間に、情報公開の重要性をことあるごとに伝えました」

堀部氏は前述のとおり、情報の取り扱いについての日本の権威とも言える人物だ。一九九五年から九六年にかけては国の情報公開制度の議論に関わっていた。これは情報公開法にもとづいた政府機関などの情報公開制度の整備だ。そして二〇〇一年に独立行政法人等情報公開法が成立する。しかし、ＮＨＫは議論の末、この制度の対象とはならなかった。これはＮＨＫは政府から独立した特殊法人ということで、ＮＨＫの意向が通った形だ。

「NHKの理屈はわかりますが、NHKにもやはり情報公開は必要なわけです」

堀部氏の働きかけもあり、NHKは独自の情報公開制度を設ける。その際、堀部氏は「経営委員会の議論についても議事録を作って公開すべき」と主張した。

そして、二〇〇〇年に議事録が初めて公開される。堀部氏の記憶では一月一五日の議事録が初めて公開されたというが、NHKのウェブサイトだと同年の九月五日に開かれた八八九回の委員会から公開されている。そこには以下のように書かれている。

〈議　事〉

須田委員長から、本日の付議事項および日程について説明があった。

これに続き、付議事項の審議に入った。

付議事項

1　議決事項

BSデジタルハイビジョン放送の委託放送業務の認定申請について

2　報告事項

(1) NHKの情報公開制度のあり方に関する研究会の設置について

(2)平成12年度後半期の国内放送番組の編成について
(3)平成12年度後半期の国際放送番組の編成について
(4)平成12年度第1回視聴者会議について
(5)平成12年7月全国個人視聴率調査の結果について

3　その他
(1)規制改革委員会の「論点」公開について
(2)BSデジタル放送について
(3)海外におけるハイビジョン中継・展示について
(4)世界四大文明展について
(5)伊豆諸島地震活動災害義援金の募集および三宅島噴火等の取材体制等について
(6)月刊誌「現代」の記事について

それぞれに執行部からの説明がなされているが、委員の中でどのような審議が行なわれたのかはまったくわからない内容となっている。前掲の二〇二一年の概要のほうが、まだ委員の発言がわかる内容になっている。

実は、この概要の変化は、経営委員会がその姿を大きく変えていく状況と関係している。その変化はある事件をきっかけとしていた。

最高意思決定機関としての経営委員会

　経営委員会は、かつてはNHK執行部が提案した案件を承認するだけの、事実上の追認機関だった。それがあるスキャンダルをきっかけに変わる。

　NHKの本社とも言える放送センターは、渋谷駅からかなりの勾配を登り切ったところに広がっている。駅を背に、向かって右手に見えるのがNHKホール。ここで年末に開かれるのが紅白歌合戦だ。「国民的」とも形容される番組で起きたスキャンダルが経営委員会を大きく変えることになる。

　向かって左手のガラス張りの立方体の建物の高層階にNHKの経営中枢が集う。その最上階は巨大な会議室となっており、その一つ下、二一階には会長、副会長、理事の部屋がある。

　経営委員会は二一階の会議室で開かれていたが、堀部氏が委員を務めていた当時は、常勤の委員も、委員会をサポートする事務局もなかった。堀部氏の述懐は続いた。

「それなりに議論はしましたが、基本的にはNHKの執行部が持ってくる事案を審議して了承するというものです。委員から質問は出ますが、それに対して執行部が答えて、それで委員で承認する。追認機関？　そう言われると抵抗はありますが、常勤の委員も事務局もないわけですから、執行部の持ってきた案件を突き返すというのは難しい状況でした」

ところが、その状況が変わる出来事が起きる。二〇〇四年に発覚した紅白歌合戦のプロデューサーによる業務上横領事件だ。架空の支払いをでっちあげて経費を私的に流用し、遊興費にあてていたのだ。

「二〇〇四年七月のことでした。当時の委員長はJR東海の須田（寛）さん。その須田さんから『海老沢会長から、大変申し訳ないと報告があった』と」

海老沢会長とは、海老沢勝二。既述のとおり、NHK政治部記者出身の会長だ。そして定例の委員会で、海老沢会長から報告があった。

「それは週刊文春で報じられる前の火曜日で、紅白歌合戦のプロデューサーが、一二〇〇万円だったと思いますが、多額の制作費を使い込んだというものでした」

NHKには新聞、通信の記者が常駐している。当然、各社の取材が始まる。記者の取材は経営委員会にも及ぶ。しかし経営委員会は持っている情報も限られている。とても記者の納得するような回答ができるわけはない。堀部氏は、質問に答えられない自分の姿を、もう一人の自分が歯がゆい思いで見つめているような感じだった。

経営委員会とは何だ？

経営委員会とは何なのか――。そう自問せざるをえなかったと堀部氏は述懐する。堀部氏がさらにそれを痛感するのは、二〇〇四年一二月一九日に放送された特別番組「NHKに言いたい」だった。

プロデューサーの使い込みは刑事事件となり、さらにその後の対応がNHKへの批判を強める結果となる。その一つは、「まえがき」でも触れたが、NHKが国会の総務委員会の中継を回避する措置をとったことだ。NHKは国会の総務委員会を中継しており、それはNHKにとっては放送を通じて自ら国民に説明する場でもある。しかし、当時、この場で海老沢会長が厳しい批判を受けるのは目に見えており、中継回避は、NHKがその姿を視聴者に見せないようにしたと思われても仕方がなかった。実際、海老沢会長は「天皇」と呼ばれるほどの権勢を誇ってもいた。

NHKは批判を受けて後に録画を放送するのだが、そうしたNHKの姿勢が受信料の不払い運動に発展し、その結果、会長が番組に出て釈明する事態になった。それが「NHKに言いたい」だった。ジャーナリストの鳥越俊太郎氏らが出席し、海老沢会長に問いただす形式の番組だった。

その場に会長とともに同席したのが経営委員の堀部氏だった。当然、「経営委員会は何をしていたんだ」との批判の矢を受けた。それに十分に答えられない自分がいる。

「サポートしてくれる事務局もなければ、そもそも常勤の委員もいない。では、経営委員って何なのか？」

堀部氏は番組中もそれを考えつづけていたという。

しかし、この後、事態が動き出す。二〇〇四年一二月末には経営委員会に事務局ができる。堀部氏は新経営委員会の事実上の責任者となる。委員長だった須田氏の任期が一二月初めに来るのだが、次の委員長がすぐに決まらない。その間に「委員長代行を置くべきだ」と堀部氏は伝えた。堀部氏からすれば、このまま経営委員長が不在だと、ますます「経営委員会は何をしているんだ」となる。それは避けたいとの思いが堀部氏をさらに重責に就ける。

「そうしたら、『では堀部さん、お願いします』と言われてしまった。言い出しっぺだから、断れない。それで、私が委員長代行となった」

一二月二一日に東京海上日動の石原邦夫社長が委員長になる。堀部氏は代行だが事情に精通していることもあって、経営委員会の建て直しそのものを担うことになる。

「事務局にはＮＨＫからはもちろん、東京海上からも人を出す。経営委員の四国の代表がＪＲ四国の社長だったので、ＪＲ四国からも出す。それで数人は事務局で確保しました」

さらに、経営委員会に監査委員会を設ける。これは放送法を改正しての大掛かりな措置となった。放送法の四二条に、「協会に監査委員会を置く」と記される。

そこに次のように書かれている。

「監査委員会は、監査委員三人以上をもって組織する」

「監査委員は、経営委員会の委員の中から、経営委員会が任命し、そのうち少なくとも一人以上は、常勤としなければならない」

つまり経営委員のうち、監査委員を務める立場の人は常勤でなければならない、となったわけだ。経営委員会に初めて常勤のメンバーが誕生。そして委員会を支える事務局が発足。こうして経営委員会はその体制を強化し、権限が強化されることになる。

この監査委員会の権限についてもう少し見てみたい。その役割は、「役員の職務の執行を監査する」（四三条）ことにある。加えて、監査委員会には調査権限が与えられている。四四条に次のように書かれている。

「監査委員会が選定する監査委員は、いつでも、役員及び職員に対し、その職務の執行に関する事項の報告を求め、又は協会の業務及び財産の状況の調査をすることができる」がそれだ。その調査権限は、NHKの子会社にも及ぶ。加えて、四六条においては、「監査委員は、役員が協会の目的の範囲外の行為その他法令若しくは定款に違反する行為をし、又はこれらの行為をするおそれがある場合において、当該行為によって協会に著しい損害が生ずるおそれがあるときは、当該役員に対し、当該行為をやめることを請求することができる」とある。

ＮＨＫの組織上は、経営委員会と監査委員会は別だ。しかし監査委員会は経営委員によって構成されており、そのうちの一人は常勤となった。それによって経営委員の一人は常勤となったということだ。

そして四六条だ。監査委員会は「当該役員に対し、当該行為をやめることを請求することができる」とは、事実上は経営委員会にその権限が付与されたともいえる。つまり、名実ともに経営委員会はＮＨＫの最高意思決定機関になったということだ。

福田官房長官が堀部氏に語ったところの「ＮＨＫのお目付け役」が、それ以上の存在になったということだろう。

強化された経営委員会

堀部氏が経営委員として向き合った海老沢会長はその後、しばらくして辞任する。三期目の途中での退任だった。会長を経営委員会が決めることは放送法に書かれている。「会長は、経営委員会が任命する」と。ところが、それは実態ではなかった。経営委員会は実態としては追認組織だったからだ。しかし、この海老沢会長の後任あたりから、経営委員会が名実ともに「任命する」こととなる。

海老沢会長の後任について堀部氏は、自身は関与していないとしているが、石原委員長から伝えられた一言を覚えている。

「二〇〇五年一月の最初頃だったかと思います。石原さんから『委員長と代行という関係で』と話があり、海老沢会長が辞意を表明するとの話をされました」

その二人だけの会話の中で、石原委員長に次のように言われる。

「（後任の会長は）橋本さんでよいかと思う」

橋本とは橋本元一技師長。NHK技術畑のトップだ。どのような経緯で橋本氏が候補になったか、堀部氏は知らないと話した。しかし、当時、NHKの労働組合である日放労＝日本放送労働組合やその上部組織である連合（日本労働組合総連合会）から、政治から離れた技術畑の橋本氏を会長に推す声があったことは事実だ。それを石原氏が何かしらの形で把握し、「橋本さんでよいかと思う」という言葉になったのだろう。

そして、二〇〇五年一月二五日の経営委員会。議事録に次のように記載されている。

「石原委員長から、本日、経営委員会に対して、海老沢勝二会長から辞任の申し出があったこと、また、海老沢会長に対して、笠井鐵夫副会長、関根昭義専務理事から辞任の申し出があった旨の報告があり、審議した結果、海老沢会長の辞任ならびに笠井副会長および関根専務理事の辞任を一月二五日付で全会一致で承認することを議決」

また、「海老沢会長の後任について審議の結果、全会一致をもって、橋本元一専務理事・技師長を一月二五日付で任命することを議決」とも記載されている。前述のとおり、議事録からは審議の内容はわからない。

会長に任命された橋本氏の次の言葉も記載されているので記しておく。

現在の厳しい状況下、会長職をお受けすることは、非常に重い責任を負うということで、身の引き締まる思いです。本日経営委員会で議決され、総務大臣に提出した「平成一七年度収支予算・事業計画」には、信頼回復へ向けた改革案が柱として盛り込まれています。私の任務は、この改革案を迅速にかつ着実に実行する、そして、良い番組を放送して放送文化のいっそうの向上をはかり、社会に貢献していくことであると考えています。視聴者の皆さまのご指摘、ご意見を真摯に受け止め、経営委員会からもご指導を賜りながら、改革の先導役として全力をあげて取り組んでいきたいと考えていますので、よろしくお願いいたします。

堀部氏は十数年前の経営委員会時代を振り返り次のように語った。

「当時は、NHKの中を改革しないといけないということでいろいろと考えさせられました。政治との関係については、やはり経営委員会が政治の防波堤になるべきだと、当時から私は考えてきました。政治が何を言っても合議体としての経営委員会が防波堤になるという意識でした」

その堀部氏の目に、今のNHKと経営委員会はどう映っているのか。

「常に政治との関係が出てくる。予算審議をする際に委員長も国会に呼ばれる。これは影響は受ける。受信料を基盤として成り立っている公共放送である以上、それは仕方ない側面もある。だからこそ、中立公正ということが重要になってくる。常に、政治からの中立、政府からの中立を意識しないといけない」

慎重に言葉を選ぶ姿が、学生時代に受けた講義とダブった。そこで、「先生、やっぱり今の状況は良くないんじゃないですか？　森下委員長とか、問題じゃないですか？」と、たたみかけてみた。

しばらく黙った後、堀部氏は言った。

「その都度、議論をしていくことが重要です。経営委員会は最高意思決定機関で、常勤委員もでき事務局もできましたけど、それでも限られた時間で議論をしている状況です。特に、政治とNHKの問題などは議論していません」

「先生、森下委員……」と言おうとしたら、堀部氏が強い口調で言った。

「問われているのは、視聴者の意見を吸い上げる仕組みです。そして、放送法の理念を守る。それに尽きるんじゃないでしょうか」

それまでにない強い口調でそう言った。

そして二〇二一年六月一日の国会審議

二〇二一年六月一日、参議院の総務委員会では、かんぽ報道問題に関する経営委員会の議事録の開示について質疑が行なわれた。自身が上田前会長を厳重注意した経緯などを記した議事録の公開を求められた森下委員長（当時）は、「現在、慎重に幅広く」検討を行なっていると答えるだけで、いつどのような形で公開するか明言することはなかった。

経営委員会の権限を強化してきた放送法だが、変わることのない点が、経営委員会が個々の番組の編集に関わることの禁止だ。実は、「委員は、この法律又はこの法律に基づく命令に別段の定めがある場合を除き、個別の放送番組の編集その他の協会の業務を執行することができない」との条文には、次の条文が第二項として書かれている。

「委員は、個別の放送番組の編集について、第三条の規定に抵触する行為をしてはならない」

この「第三条」とは、放送法の根幹とも言える、放送局に番組編集権を与えた条文だ。放送法の三条は次のように定めている。

「放送番組は、法律に定める権限に基づく場合でなければ、何人からも干渉され、又は規律されることがない」

つまり、編集権への関与を禁止する条文を何重にもかけているという理解ができる。それだけ重大な問題で中心人物とされる森下氏は後に委員長になる。そして、その事実は毎日新聞が報じるまで一年間にわたって隠蔽されていたわけだが、その重大性について問われた森下氏は、「(NHKの)業務の執行には影響は与えていない」と述べただだけだった。

経営委員会の強化に奔走した堀部氏は「経営委員会は政治の防波堤になるべき」と語った。それはNHKを政治から守るためだった。しかし、その防波堤はすでに決壊しているとの印象は強い。

第6章

セイバンという職種

NHKの政治報道を担う政治部記者の姿を伝えたが、NHKの政治報道を担っているのは記者だけではない。それはセイバンと呼ばれる集団だ。

もう一度、第3章で示したNHKの組織を見てもらいたい。これまで主に記者について説明してきたが、記者が所属する部署は報道局の中でしかない。圧倒的に多くの部署はPDで成り立っている。原籍という点だけで言えば、このPDが最大勢力となるのは間違いない。このPDがプログラム・ディレクターの略で、ホウバンとバンセイに分かれることはすでに書いたとおりだ。ホウバンが報道番組部、バンセイが番組制作局という部署名から来ていることも説明した。

政治番組を作るPD集団

実はこのうちのホウバンの中に、さらに特異な集団が存在する。それが「セイバン」だ。正確には、政治番組グループ。以前は政治番組班と称したが、要は政治番組を作るPDの集団だ。記者の中で政治部が強い力を持つように、ホウバンの中でもセイバンはきわめて強い力を持つ。

セイバンは選挙の特番はもちろん、政治に絡むあらゆるホウバン、つまり報道局の番組を主導する。

セイバンの元幹部に話を聞いた。セイバンの仕事とは何か？

「セイバンは、国会討論会（現在の「日曜討論」）やNHKスペシャル、政治関連特番、開票速報などが守備範囲ですが、昭和四九年の「ニュースセンター9時」（以下NC9）のスタートとともに、ニュース番組への参画も一つの業務になりました」

NHKのニュースは記者が担当し、番組はPDが担当するというのが、記者とPDの役割分担の基本だ。それが九時台のニュースで変わる。

「NC9は、日本で初めての本格的なキャスターニュースとして、内容ばかりでなく、局内の制作体制にも大きな変革をもたらしました。〝記者とPDが共同して作る新しいニュース〟です。ここでは、映像で伝えるニュース、一九時のニュースとは切り口の異なるニュースが重視され、そのリードをセイバンの担当PDが書くこともありました」

「リード」とは原稿の冒頭のエッセンスを示す短文だ。こういう理解になる。通常の原稿は記者が書く。政治原稿なら政治部の記者が書く。それが夜七時のニュースではそのまま読まれる。しかし、NC9はそうではなく、PDが書くこともある。

これはさらに説明が要るかもしれない。NHK記者の書く原稿は、長くラジオ原稿を基礎としてきた。これは試しに、ラジオでNHKのニュースを聴いてもらえればわかる。きわめてよく理解できるはずだ。ところが、テレビニュースは多少異なる。映像というきわめて多くの情報が与えられるからだ。ところが記者は映像、たとえば当事者のインタビューや現場の映像等がなくても全体を理解できるようなラジオ原稿を書く。

映像がなくても全体を理解できるように書かれた原稿をテレビのニュースに使う場合、映像情報と原稿情報が重複したりハレーションを起こしたりするケースが多々ある。それによって、実は視聴者に伝わりにくい内容になることが昔から指摘されてきた。映像を重視するニュースの流れが加速するにしたがって、記者原稿をベースにしながらインタビューや関連映像を組み合わせて〝再構成〟することが必然になっていった。

さらに、キャスターはアナウンサーと違い、その項目の意味、位置づけなどをその項目の前説に込める。したがって、キャスターニュースで〝前説の内容はキャスターの専権事項〟とされ、キャスター前説の原稿は、その項目の担当者が書き、番組班のデスクのチェックを受けて、キャスターの手もとに行く形に変わったということだ。その際の「担当者」は基本的にPDだ。

これは政治ネタに限らず、社会ネタ、経済ネタ、国際ネタなど、NC9についてはみな同じ形で制作されていた。セイバン出身の元幹部が説明した。

「NC9は、〝サムシング・ニュー〟、すなわち一九時ニュースと一味も二味も違うニュースをめざしていました。たとえばその日、衆議院予算委員会で与野党の丁々発止の議論が行なわれたとしますね。一九時ニュースが各党の質疑の内容を整理して原稿の形で伝えたとすれば、NC9は、質疑をそのまま映像で聞かせるわけです。あるいは論点を絞り、突っ込んだ質疑の内容をそのまま伝えたり、あるいは関連情報を加えたり識者の見方を加えるなど、切り口や提示の仕方を変えて伝えました」

伝え方が変われば、文字原稿のリード、つまり記者が書いて記者デスクがチェックした原稿がそのままNC9の前説に使えるはずもなく、文字原稿のリードを参考にしながらもNC9のスタッフが独自の前説原稿を作成していた、ということだ。

報道局内で記者が力を持つ中で、記者の原稿にPDが手を入れるということは許されなかった。特に、政治部の原稿に手を入れるのがご法度なのは、すでに書いた政治部の出稿手続きを読んでいただければわかるだろう。微妙なニュアンスできわめてデリケートな政治の状況を描いている、と少なくとも政治部記者は思っている。それにPDが手を入れる? 政治部長以下、考えただけでも卒倒しそうな事態だっただろう。

記者も入れないセイバンの世界

元幹部によると、セイバンは総括CP(セイバンのトップ)以下、二〇人弱の小規模な班だ。週一回、提案会議を開き、次の番組を検討する。加えて、その企画の「クローズアップ現代」や「NHKスペシャル」などへの展開を検討する。これが通常の番組提案だ。

しかし、政治状況がそれを許さないことも多々ある。一九九三年、五五年体制が崩壊したときもその一つだ。政治状況は日々変化し、提案会議など通している時間的余裕はない。

一九九三年七月の総選挙で自民党が過半数割れを起こして敗北。野党が連立を組んで非自民政権を作るのか。そのとき、誰が総理大臣になり、いったいどんな政治をめざすのか。日本中が固唾を飲んで注視していた。元幹部が当時の状況を説明した。

「そこで、テレビで全国民に向かって非自民の各党の考えを表明してもらおうと考えました。共産党を除く野党七党の党首全員を揃えた番組を企画しました」

連立が成立する場合、タイミングさえ合えばその番組が事実上の連立成立宣言の場になるかもしれない。それはテレビニュースとしては大成功だ。

しかし番組の制作にはリードタイムが必要になる。出演交渉にかかる時間、局内の了承、編成枠の確保、スタジオリソースの確保、技術スタッフの手配等々、最低でも四、五日は欲しい。まだ非自民の野党連立政権への流れがはっきりとしていたわけではない時期のことだ。

そこで、「総括CPが放送総局長に直談判して企画の了承を取り付け、全員に指示が出た」という。

ターゲットは、およそ一週間後のゴールデンアワー。一時間三〇分枠、「クロ現スペシャル」となった。

通常の手続きではない。通常はセイバンの決定を、ホウバン全体を統括する報道番組部の検討会議にかけて、それが通れば記者も加わった報道局全体の会議にかけて決まる。さらに編成局の会議にかけて正式に決まる。この最後の部分は、報道局の会議で決まれば、編成局でひっくり返ることはない。ただし、事態が動いているときの仕事の進め方は、実態が先に進み、手続きが後からついてくる。

「本当に事態が急変しているようなときの意思決定は、悠長なやり方では事態に即した報道の番組は作れません。状況が緊迫している中ではスピードと情報の統制が肝要です。放送総局長は放送の最高責任者ですし、このときの総局長は政治番組の統括プロデューサーも務めていたことのある、この分野の専門家でもありました」

総括CPと放送総局長の間には、職位で言えばかなりの距離がある。放送総局長の下には報道局長がおり、報道局主幹がいて、さらに政治部長、セイバンの直属の上司となる報道番組部長がいる。それらを飛び越しての直談判だったという。

了承の条件は、連立政権を組む野党の全党首を番組に呼び出す、というものだった。元幹部は振り返った。

「もちろん、総括CPからすぐに全セイバンPDに指示が出ます。放送日は内々に決めていますから、その日に合わせて全党首のスケジュールを調整するように、と」

この細川連立政権は細川護熙《もりひろ》氏の日本新党、実権を握る小沢一郎氏の新生党など七党の参加が決まっていた。つまり七党の党首全員を揃えることになる。ちなみに、新生党の党首は小沢氏ではなく、羽田孜《つとむ》氏だった。

そういうとき、出演の交渉作業は政治部記者に依頼するのか。元幹部に尋ねてみた。

「いえ、われわれ独自で動きます。政局が激動しているわけですから、記者も自分のことで精一杯です。新聞各紙の記者と抜きつ抜かれつの競い合いを繰り広げている時期ですから、とても番組のことまで手が回らない状況でした。この時期、記者はみな、夜討ち朝駆けで毎日二、三時間しか眠れない日々だったと思います。だから政治部長には伝えましたが、『君たちでやってくれ』と」

各党に出演交渉を始めると、意外に各党からは放送日時を含めてすんなりOKが出る。そこで「非自民連立が固まりつつあることを確信しました」と元幹部は話した。

まだ迷っている党があれば、各党が出る番組に同席することに逡巡してもおかしくない。ところが、みな、案外すんなりと出演をOKしてくる。実際、放送日の前日、非自民連立政権合意が発表される。一九五五年から続いた自民党政権が政権を明け渡すことが決まったその翌日、新政権を担う政党の党首全員が勢ぞろいして所信を述べる。番組は「ジャスト・タイミングの企画」(OB談)となった。

ところが番組直前に問題が起きたという。

「細川さんが『出ない』と言ってきたんです」

「急遽確認すると、『私は総理大臣になるんだ。他の六人の党首とは同席できない』ということでした」

格が違うということらしかった。

「単独なら出られるか、と問うと、『一人ならよい』という」

そこで、最初の三〇分を細川護熙氏だけとした。

「細川さんに、『最初の三〇分、一人でお聞きします。その後は帰っていただいて結構です』と伝え、残りの六人の党首はその後に一堂に会してもらう形にしました」

一九九三年七月に放送された番組は、五五年体制の崩壊、そして初めての非自民政権のめざす日本の姿を当事者が直接語るものとなり、大きな関心を呼んだ。元幹部は言った。

「みなで相談して集まって『どうしましょうか』などと言っている暇はありませんでした。放送総局長の意向を確かめて内諾を得ながら走る。もちろん、番組が成立するなんて確約はできない。相手が出演を拒否すればそこで企画は終わりになる。が、それは誰も問わない。誰が考えても企画が成立すれば報道機関の使命が果たせる、という確信がすべてを動かす」

長くセイバンに在籍したOBは、「政治家って面白い人種なんですよ」と言った。

「たとえば、激烈な派閥抗争や突然の解散……。そういうときに、われわれはキーパーソンに出てもらってテレビ番組を作りたいと思いますね。でも普通に考えると、こんな大変なときにテレビなんかに出てくれないのではないか、と思います。それで企画をあきらめてしまったりする。ところがね、そういうときであればあるほど、テレビに出てくれるんです。政治家って、そういう人種なんですよ。それはテレビを制作しているわれわれにはわかるんです」

なるほど、と思った。

元セイバン幹部が話す「NHKの二つの使命」

この細川政権ができて、自民党とセイバンとの間でひと悶着が起きる。当時を知る別のセイバンOBが明かした。

「その後の八月末か九月です。担当CPが当時の自民党幹部に党本部に呼びつけられたんです。『NHKはけしからん』と。NHKは連立政権ばかり扱っていて、自民党を無視している。なにごとか」、ということだったという。

自民党下野につながっていく政治改革の動き、それに連動した自民党の分裂など、この年は年初から政治が世間の注目を浴び、ワイドショー番組を含めて政治が頻繁に取り上げられていた。自民党たたきかと見紛うような民放の番組も散見され、自民党のメディアに対するいら立ちも最高潮に達していた。

実はセイバンでは、それも見越していた。

「総括CPが、過去数カ月に放送した政治番組リストを持っていって説明した」

これが表沙汰になれば大問題だろう。

「自民党から呼ばれたことはセイバンの中だけに留められました。騒げばややこしくなるだけです」

で、どうだったのか？

「リストを見せて、ちゃんと自民党も扱っています、と丁寧に説明しました。すると、『あ、そう言われればそうだな……』となりました。それで終わりでした」

どういうことか。CPが見せたリストに、ある秘密が隠されていた。

「放送記録を記したリストはNHKの政治的公平の原則にしたがって、自民党もきちんと扱っていることを示していました」

しかし、と続けた。

「この時期のクロ現では自民党関連の企画はわずかに限られていました。やはり、非自民連立政権の誕生こそがニュースだったわけですから」

では、リストには嘘を書いたのか。

「いいえ、持っていったのは『政治討論会』の放送記録です。過去三カ月のリストを見せて、『どこが偏っていますか？　河野総裁（当時）の単独インタビュー番組も企画しています』と示したわけです」

「政治討論会」は今も続く、NHKが日曜日の午前九時に一時間放送している政治討論の番組だ。良くも悪くも視聴率を意識した番組ではない。多くの視聴者をターゲットにした「クローズアップ現代」では、圧倒的に非自民連立政権を扱っていたが、それを補うように討論番組では自民党も扱っていた。

「『政治討論会』では政治的公平性を強く意識した番組制作が行なわれていた」（セイバンOB）

担当の二つの番組、「政治討論会」と「クロ現」の使い分けは、メディアの報道姿勢を注視している自民党の視線をも十分勘案して行なわれていたということだ。

「NHKの二つの使命」と元幹部は言った。

「政治番組グループはもちろん、NHKは、政治的公平を保つという使命と、報道機関として国民の関心にこたえるという使命と、二つの使命を担っています。この時期、非自民政権の樹立を軸に政治が動いていましたから、報道機関としての使命からはどうしても非自民の動きを伝えることが多くなる。私たちは、この部分を主に『クロ現』の企画で果たすようにしていました。一方の政治的公平については、日曜日朝九時からの『政治討論会』の枠で使命を果たすようにしていました」

そしてNHKと政治の関係を物語る一言を加えた。

「(「政治討論会」で) 自民党を取り上げていたのはバランスの観点だけではありませんでした。当時、自民は野党に転落していましたが、議員の数では依然として比較第一党で、自民党の姿勢は国の動向に大きな影響を持っていたのです」

こうした話をどう見ればよいのだろうか。政治への忖度と批判することも、逆に政治の関与を可能な限り回避するための知恵と見ることも可能だろう。忖度か、知恵か。みなさんはどう読み解くだろうか。

「政治討論会」はその翌年四月にタイトルが「日曜討論」と変更され、今も続いている。「NC9」はその後、さまざまな変遷を経て現在は「ニュースウオッチ9」となっている。

第7章

NHKにとって「クローズアップ現代」とは

「クローズアップ現代」後継番組を検討

『『クローズアップ現代＋』の終了が決まり、後継番組の検討が始まった」との情報が私にもたらされたのは二〇二一年三月下旬。その後の取材で、この決定を知る複数の関係者から確認がとれた。

それによると、NHKは「クローズアップ現代＋」を二〇二一年度で終了させ、二〇二二年四月から別の番組を放送することを内部で決めたという。正式な発表はないが、すでに経営幹部から担当部署に後継番組について検討するよう指示が出ているとの情報だった。後継の番組は概要も決まっておらず、「クローズアップ現代＋」の終了を優先させた形だという。

私の取材に対して、ある報道局員は、「発表はないが、NHKの報道を支えた番組が終わるのは確実だ」と語った。また、別の報道局員は、『『クローズアップ現代＋』は数年前に週一回に減らすように指示があり、それを現場が押し返した経緯がある。今回の廃止に政治の圧力があったかどうかはわからないが、安倍政権、菅政権がこの番組を潰したがっており、NHKの中でそれに呼応するグループがあるのは事実。これまで抗ってきた現場が力尽きたという感じだ」と語った。

「クローズアップ現代＋」については説明するまでもないだろう。一九九三年にフリーランス・ジャーナリストの国谷裕子氏をキャスターに「クローズアップ現代」として始まり、NHKの取材力を結集した硬派の報道情報番組として、長きにわたって高い評価を得てきた。二〇〇二年には菊池寛賞を受賞し、二〇一四年には、安保法制をめぐって当時官房長官だった菅義偉元首相に国谷氏が厳しく迫るインタビューが話題になった。同年に行なわれた当時のキャロライン・ケネディ駐日米大使とのインタビューでは、報道の自由に反するかのようなNHK会長の言動に批判的に言及するなどもしている。

二〇一六年に番組を刷新して再スタート

その後、番組で「捏造」との批判を受ける事案が発生したことなどを理由に、番組を刷新するとして、二〇一六年に国谷氏が降板。番組名を「クローズアップ現代＋」として再スタートした。二〇一七年からは武田真一アナウンサーがキャスターを務め、二〇二一年三月に井上裕貴、保里小百合の二人のアナウンサーに交代した。

「クローズアップ現代」はNHKの全国の放送局からの提案によって成り立ってきた。番組に提案を通すために、NHKのPD（ホウバンもバンセイも）や記者は取材を積み重ねてきており、それが結果としてNHKの報道を支えてきた側面は大きい。

また、「クローズアップ現代」が存在する意味はNHKだけにとどまらない。新聞記者や民放各局の報道局員からもこの番組を評価する声は聞かれ、日本のテレビ報道を代表する番組として位置づけられてきた。ＮＨＫの決定は、一九九三年の放送開始以来三〇年近く日本のテレビ報道を牽引してきた番組の終焉を意味する。

私は取材によって得られた事実を、二〇二一年四月九日、ネット上のニュースサイトで記事として公表した。

ＮＨＫは番組の今後に触れず

間もなくしてＮＨＫの広報から私に電話が入った。

「まったくの事実無根であり、記事の削除を求めます」

知り合いの広報幹部はそう言った。

「まったくの事実無根ですか？」と問うたら、「そうです」と答えた。私のこの問いの理由は後述する。しばらく後にＮＨＫのウェブサイトにも掲載するというので確認すると、「ＮＨＫの見解」として次のように記載されていた。

「二〇二一年四月九日、一部ネットメディアで、ＮＨＫが『クローズアップ現代＋』の終了を決定したとする記事が掲載されましたが、まったくの事実無根で、大変遺憾です。執筆者に対して抗議するとともに、記事の削除を求めてまいります」

「まったくの事実無根」とは、ＮＨＫが「クローズアップ現代＋」の終了など議論も検討もしていないというトーンだ。それは、事実ではない。私が入手しているＮＨＫ

の内部資料にもとづいて説明したい。

その内部資料の一部を紹介する。そこには「報番D」と書かれ、そこから大きな矢印が伸び、その矢印の中には「提案提出」と書かれている。「総合ゴールデン・プライム／開発番組／編成」に提案を出す、と描かれている。何を提案するのか。また、資料の中には「課題曲」とも書かれ、その文字の下に、「〝クロ現の次〟に向けたアイデア募集・聞き取り」とも記されている。資料の中の「クロ現」が「クローズアップ現代」の略なのは説明するまでもないだろう。この「クロ現の次」という言葉は他の資料にも散見される。

ちなみに、資料の中の「報番」とは報道番組、つまりホウバンのことで、「報番D」とは「報道番組のディレクター」を意味する。「課題曲」については情報を提供してくれたNHK職員の話で紹介しよう。

「『課題曲』と『自由曲』とは一種の（PD内の）隠語で、番組の種類を指しているんです。『課題曲』とは上から課題を与えられた番組のこと。『クロ現の次』は上から降りてきたので『課題曲』です」。ちなみに、「自由曲」とは自由に提案する番組のことだという。

別の資料には、「報番のゴールデン・プライム開発について」というものもある。NHKの各局のチーフ・プロデューサーらに送られた資料だ。「ゴールデン・プライム」とは、前田晃伸会長（当時）肝いりの新しい番組を出す夜の時間帯のことだ。会長会見で再三言及している。

そこにも、「〝クロ現の次〟『課題曲』については、編成とは別途、アイデア募集・聞き取りをしたいと思います」と書かれている。

現場で後継番組について議論

さらに別の資料には次のように書かれている。

「次の時代の報道番組とはどういうモノがよいのか、クロ現の次なるものは何か、大切にしなければいけないコンセプトとは、どうせやるならこれくらい思い切ったことをやったほうがよいのでは……等々。大方針から志から、演出、デジタルとの連携スタイル、制作フローに至るまで、ご意見や発想をお送りください」

そして「一行でも、企画書でも、パワポでも動画でもけっこうです」と続き、提案先である「報番開発サポートチーム」のメールアドレスも書かれている。指示の言葉が柔らかいのは、すでに現場レベルでの議論だからだ。

私の手もとにあるこれらの資料は、すでに主だった制作担当者の間で共有されている。それにもとづいて「クロ現の次」、つまり「クローズアップ現代＋」の次の番組について議論が行なわれていたのだ。資料には部署名のみならず担当者の名前も記されている。NHK広報部はこうした経過についても資料についても、調べようと思えばいつでも調べられるはずだが、担当部署に問い合わせた形跡はない。

これらの資料から見ても、「まったくの事実無根」が事実と言えないことはあらためて説明するまでもないだろう。しかし、「検討はしているが決定はしていない」という言い方は可能かもしれない。それが、NHK広報部の電話に対して、「まったくの事実無根ですか？」と問うた理由だ。ただし、入手している内部文書は、「決定はしていない」とも言えない状況がすでに進んでいたことを示している。

後継番組を作るための部局横断プロジェクト

私にもたらされた別の資料には、NHKがすでに、後継番組のパイロット版を作成する部局横断の大型プロジェクトを開始していることも記載されている。

私が「NHKが『クローズアップ現代＋』の終了を決定」と報じた四月九日、「クローズアップ現代＋」を制作する部署では会議が開かれていた。その場で責任者から、私のニュースについて、「NHKはまったくの事実無根だとして記事の削除を求めた」との説明があった。

そのとき、会議の出席者からどよめきが起きたという。その場のPDから報告を受けた報道局員によると次のような内容だったという。

「でも、クロ現はなくなるんですよね？」

「だからわれわれはパイロット版を作るっていう話をしているんですよね？」

責任者は、それを否定していない。

「じゃあ、まったくの事実無根って、おかしくないですか？」

これについて責任者は次のように話したという。

「上からの指示で潰すわけではありませんから。それは、事実無根です」

以上が会議での大まかなやり取りだ。もちろん、正確な文言ではない。こうした趣旨のやり取りがあったということだ。

妙な話だとの印象は、その場にいた多くの職員が共有したようだ。四月九日の記事には「上からの指示で番組が終了した」などと書かれていない。もちろん、下からの意見で終了したとも書いていないが、それをもって「まったくの事実無根」と表現することにはきわめて違和感がある。

ところで、前述のとおり、後継番組は「課題曲」と位置づけられている。「課題曲」と「自由曲」の意味についてはすでに説明しているが、「課題曲」とは上から課題を与えられて検討する番組を示す隠語だ。つまり「クローズアップ現代」の後継番組は上から与えられた課題ということになる。そうであれば、そのために終了する番組、つまり「クローズアップ現代＋」の終了は、上からの指示によると考えるのが普通だろう。

なぜＮＨＫは「まったくの事実無根」との見解を出したのかは、私にはわからない。

しかし、その見解にNHKの職員の多くが違和感を覚えたことは書いておきたい。

仮に、「まだ決定したわけではない」という反論ならありうるようにも思える。しかし、取材を進めると、それも実際には苦しいことがわかる。パイロット版を作るチームまで編成されていたのだ。そう書くと、「新たな番組のパイロット版を作ったからといって、それで今の番組を終了させるとはならない」と反論する人もいるだろう。しかし、「クローズアップ現代」の後継番組のパイロット版を作るというのは、そんなに生やさしいものではない。

決定していたパイロット版制作メンバー

私の手もとにいくつか資料があることを明らかにしてきた。情報源の特定につながるので資料の公表は慎重にする必要がある。しかしNHKが「まったくの事実無根」との公式見解を出し、それが今も撤回されていない以上、慎重を期しつつも、手もとにある資料について説明したい。パイロット版の制作メンバー表だ。

そこには次のように書かれている。

【コア】

○○CP（総合CP）（社番遊軍）

○○PD（総合PD）（大型）

【若手コア】

○○○○PD（H21・政経国（経））

○○○○PD（H24・おはよう）

○○○○PD（H24・NW9）

ここまでを説明しよう。○○には個人名が入っているので省略している。CPがチーフ・プロデューサーで、パイロット版の制作責任者となる。「社番遊軍」とは、社会番組班の遊軍に所属するということだ。その下にPDがつく。所属はNHKスペシャルなどを制作する大型番組開発。ともに、ホウバンのエースと言えるだろう。

この二人が「コア」、つまり中心になるのだが、その下に若手が抜擢されている。大抜擢と言ってよい。二〇〇九年から一二年の入局というから、このプロジェクトが当時の前田会長の進める若手登用を反映させたものだと読むことも可能だ。

注目してほしいのはその所属だ。「政経国（経）」とは、政治経済国際班で経済を担当しているという意味だ。そして、「おはよう」は「おはよう日本」で、「NW9」は「ニュースウオッチ9」だ。メンバー表はさらに続く。それを見ると、首都圏放送センター（現首都圏局）やスポーツ報道センターからも人が入っている。PDを部局横断で抜擢している形だ。

つまり、このパイロット版とは、「クローズアップ現代＋」を作っている部署だけで試行錯誤するというレベルを通り越しており、NHKが部局の垣根を越えて人を集めた大型プロジェクトを進めていたことを意味している。

当時のNHKは、新型コロナ禍や東京オリンピック・パラリンピックへの対応で、どこも制作陣が足りない過酷な状況だった。それでも各部署が人を出していたのは、NHKが組織として決定して前に進めているプロジェクトだったからだ。「決定していない」などというレベルでは、こういう対応はとれない。

「クローズアップ現代＋」

その後、「クローズアップ現代」は、名称を変え、キャスターを変え、放送時間を変えながらも、続くこととなった。

二〇二二年二月九日、私にもたらされていた情報によれば番組終了の時期が迫る中の放送総局長会見で、「『クローズアップ現代』は家族視聴など幅広い世代に視聴してもらえるようにリニューアルしてゴールデンタイムで放送する」と表明された。

火曜から木曜までの午後一〇時から放送してきた「クローズアップ現代＋」を、名称を「クローズアップ現代」に戻し、月曜から水曜の午後七時半から放送する、ということとだった。

私はＮＨＫが「クローズアップ現代」の終了を決めて後継番組の検討に入ったとする記事をニュースサイトで公表し、それに対してＮＨＫは「まったくの事実無根」と反論してきた。

この見解に関わったＮＨＫのある幹部局員は、「あまりの反響に、ああいう見解を出すしかなかった」と明かした。

また、この幹部はさらに、根拠を示した続報を私が出したことについて「あれを先に出してくれれば、少なくとも『まったくの事実無根』との見解を出すことはなかった」とも明かした。

すでに書いているとおり、私の手もとには「クローズアップ現代＋」の後継番組を制作するためにＮＨＫ全体で取り組む、と明記されている通知文書もある。この作業に関わっていた報道局員から提供を受けたものだ。そこには担当者の部署名と実名が書かれ、さらに担当者を増やすことも示されている。ＮＨＫが「クローズアップ現代＋」を終了させて新たな番組を開始しようとしていたことは否定できないだろう。

しかし、結果として、番組は継続することとなり、私が書いたことは「誤報」となった。

私は「クローズアップ現代」が残ることに安堵はした。その番組は、かつて国谷裕子氏がキャスターを務め、私たちが取材、制作にあたったものと同じ番組だとは思っていない。それでも番組名が残ったことは素直に喜びたい。

一つ、有名なエピソードを紹介したい。ニクソン大統領のウォーターゲート事件を暴いた記者の活動を描いた映画『大統領の陰謀』に出てくる。主人公の若い二人の記者、ボブ・ウッドワードとカール・バーンスタインが出した記事が、その後の発表と異なる事態となった。うなだれる二人に、編集局長のベン・ブラッドリーが語る。

「ジョンソン大統領がFBI長官のフーバーの交代を決めて後任探しを始めているとの情報を入手して、『FBI長官交代』と書いたことがある。それを読んだ大統領が激怒し、方針を撤回。フーバーを終身長官にした。そして、『くたばれ、ブラッドリー』と言った。みなは記事を非難したが、私の記事は間違っていなかった」（筆者訳）

NHKのウェブサイトに掲載された「まったくの事実無根」との見解は、私にはこの「くたばれ、ブラッドリー」に聞こえる。

第8章

記者クラブがある巨大メディア

ＮＨＫの記者会見に私は出る資格がない理由

ＮＨＫでは会長とメディア総局長が定例で記者会見を開く。その会見には誰でも出られるわけではない。ＮＨＫ内には各報道機関が所属する記者クラブがある。そのクラブに所属していなければ記者会見には参加できない。

二〇二二年四月二一日、ＮＨＫの正籬聡放送総局長（その後、メディア総局長と名称が変わる）が記者会見を開いている。各社の報道によると、「『クローズアップ現代＋』の二〇二二年三月末での終了を決定して後継番組の検討に入った」と報じた私の記事について「私も驚きました。終了すると決まった事実はありません」と語ったという。私の記事では後継番組に関するＮＨＫの内部資料について報じていたわけだが、それについて問われた正籬放送総局長は「知りませんでした」と話し、加えて、「より良い番組にするためには議論は自由。議論を封鎖するつもりはない」とも述べたという。

問題はここからだ。ＮＨＫはこの放送総局長会見について要旨を公表しているのだが、そこにはこの質疑が含まれていない。質疑の有無さえ確認できない。これではＮＨＫが政府や企業に透明性を求めるのは無理だと思うが、ＮＨＫはこうしたあり方を変える考えはないようだ。

そもそもＮＨＫの記者会見とは不思議な形態だ。

この記者会見に、「当事者」とも言える私は出ていない。それはなぜか。出る資格がないからだ。どういうことか説明したい。

NHKが新聞や民放と違う存在であることは、受信料制度によって成り立つ公共放送(NHKは現在、「公共メディア」としている)だという点にある。それゆえ、ということになるが、NHKには新聞記者が常駐している。記者クラブがあるのだ。ラジオ・テレビ記者会。それが名称だ。加盟社は全国紙、通信社に加えて主要スポーツ紙が加盟している。この他に、地方紙などが加盟する東京放送記者会もある。

所属する記者はNHKだけを取材しているわけではない。民放も取材対象としている。しかし、その記者クラブがNHKの中にあるのだ。民放も取材対象ではあるが、特に全国紙、通信社の記者はNHK取材がメインと言ってよい。複数の記者でNHKを取材しているケースもある。

私はNHKの記者になって最初に赴任したのは沖縄だった。その後、東京の放送センターに異動になったとき、沖縄で一緒だった共同通信の記者から連絡があった。彼は共同通信のラジオ・テレビ記者会の担当になったのだと話した。渋谷で夕食をともにしながら彼が言った言葉を覚えている。

「いやあ、NHKの巨大さに本当に驚いた。これはメディアと一言で言える存在じゃないね」

どういう意味か問うと、次のように話した。

「純粋な意味で、報道機関じゃない。こう言うと気を悪くするかもしれないが許してほしい。つまり、報道機関なんだけど、報道機関というだけじゃない。とても全体を把握できない。巨大な組織だ」

おそらく、「純粋な意味で、報道機関じゃない」と言ったとき、私の表情が強ばったのだろう。彼はすぐに、「報道機関なんだけど、報道機関というだけじゃない」と言い直した。私はそもそもNHKに記者クラブがあることも知らなかったが、彼の「報道機関というだけじゃない」という言葉がきわめて強く印象に残っている。

その一端を、スポーツ紙で文化面を担当するデスクの友人から聞いて知ったのは、それからずいぶん時間が経ってのことだ。それは紅白歌合戦の取材についての話だ。年末に電話が入ったので「何をしているのか?」と問うと、「当然、NHKだよ」と話した。NHKが用意した別室で紅白歌合戦を見ているのだという。

「もうすぐ一年も終わるというときに大変だな」と伝えると、「こっちは番組が終わってからが大変なんだよ」と言った。番組終了後にNHKの大食堂で終了の宴があるのだという。和田アキ子さんが音頭をとって始まるその宴を、記者と手分けして取材しないといけないのだという。

たしかに、「報道機関というだけじゃない」という言葉があてはまる話だ。しかし、実際にはそうした放送に関係すること以外にもさまざまな業務が行なわれている。「巨大な組織」であることは間違いない。

記者クラブに属さない記者は会見に出られない

繰り返しになるが、私がNHKで開かれる記者会見に出席して、会長なりメディア総局長なりに質問することはできない。ラジオ・テレビ記者会、つまり記者クラブに所属していないからだ。

この記者クラブは東京の放送センターのほか、NHK大阪拠点放送局に在阪メディアの記者クラブがある。そして大阪放送局長が開く定例会見などを取材している。私は大阪に生活の拠点があり、東京で開かれる会長会見やメディア総局長会見に出るのは物理的に困難だが、大阪放送局長の会見に出ることは難しくない。地下鉄に乗ればすぐに行けるからだ。

大阪放送局長の会見に出ようと思い、電話でその旨を伝えた。しばらくして折り返しの連絡が入った。大阪放送局の広報部長からだった。NHK時代の私の先輩だった。

「立岩さん、やはり記者会見の出席はお断りさせていただきます」

「会見は記者クラブの主宰ですよね。記者クラブが了承しない?」

「まあ、そういう点もあります」

「そうですか。それは残念です」

「ご理解いただきたいのですが、放送局長の会見は、大阪放送局が制作する番組に関する説明ですので、立岩さんが知りたいような組織の話にはなりませんので」

記者クラブと協議をしたかどうかはわからないが、しても同じ結果になるだろう。記者クラブとはそういうものだからだ。私は会見への参加を要望する前に、NHK大阪放送局で始まった組織改編について取材をしていた。その内容についての回答を踏まえて放送局長に取材したいと申し入れを行なっていた。ちなみに大阪放送局長は経営幹部である理事の一人だ。

拠点局と呼ばれる局には、大阪放送局以外に、北から札幌放送局、仙台放送局、名古屋放送局、金沢放送局、広島放送局、松山放送局、福岡放送局があるが、局長を理事が務めているのは大阪放送局だけだ。これは、首都圏直下型地震などの不測の事態で東京の放送センターの機能に支障が生じた際に、大阪放送局がそのバックアップ機能を持つための措置とされる。そのために大阪放送局のトップを理事が務める必要があるのか、そこは定かではないが、いずれにしろ大阪放送局長はNHKの組織改編を語れる立場にある。

広報部長は「取材にはその都度、別途、応じますので」と言った。しかし実際にはそう簡単ではないだろう。組織改編の取材についてNHK大阪放送局の回答は以下だ。

平素よりNHKの事業運営にご理解を賜り、ありがとうございます。お尋ねの大阪放送局の「体制改革」につきましては、現時点では、お答えを差し控えさせていただきます。何卒、ご理解を賜りますよう、宜しく御願い申し上げます。

私は、ジャーナリストとしては失格なのかもしれないが、取材先にあまり強い言葉をはくことはない。もちろん取材は尽くすが、言われたことの言葉尻をとらえて相手を追及するといったことはしない。その点を認めつつ、実は、NHKについては他の取材対象以上にそうした傾向が顕著になっているかもしれない。

それはNHKに多くの友人がいて、広報担当もその例外ではないからだ。「まったくの事実無根」との見解が出されたときも、私は強い調子で反発するような言葉は発していない。否、正直言うと、できない。忖度ではない。別に忖度する必要はない。あえて言えば、「情け」といった感じか。

しかし、こうは思う。仮に、NHKの記者が取材先の広報から同じようなコメントを受け取ったら、間違いなく、次のように広報に伝えるだろう。

「広報がそんな対応でよいんですか？　やるなら徹底してやりますよ」

第9章

佐戸未和さんの過労死

隠された過労死

二〇二四年三月二六日。

その日、都内は冷たい雨の降る一日だった。私は青山墓地に近いお寺の墓地にいた。目の前の墓石に容赦なく雨があたる。そこには「佐戸家の墓」と書かれていた。

そこに眠るのは、三一歳で亡くなったこの家の長女だ。

佐戸未和さん。元ＮＨＫ記者だ。

案内してくれた父親の守さんとともに手を合わせた。守さんが言った。

「ここに未和が眠っています。一〇年経ってやっと昨年一一月に納骨をしました」

未和さんが自宅で倒れているのが見つかったのは二〇一三年七月二五日。その年の参議院選挙取材に追われた末に、自宅で倒れ、息を引き取ったと見られる。その手には携帯電話が握られていた。それは何を意味するのか。誰かに助けを求めようとしたのかもしれない。

多忙きわまる選挙取材の末の、三一歳局員の過労死――。ＮＨＫはこの事実を長く伏せていた。局内でも問題を共有していなかった。ＮＨＫの対応を不審に思ったご両親の指摘によって、その死から四年以上が経った二〇一七年一〇月四日に公表する。

その経緯は、尾崎孝史氏による『未和　ＮＨＫ記者はなぜ過労死したのか』（岩波書店）

に詳しい。この本をNHKはすべての職員に読ませるべきだと思うが、この本が出て問題が終わったわけではない。ご両親のNHKに対する不信感は消えてはいない。その大きな原因は、同書で「東條」という仮名で登場する当時の上司を含めたNHKの対応である。

私がNHKを辞めたのは二〇一六年暮れだ。NHKが未和さんの過労死を公表したのは二〇一七年一〇月四日。未和さんの過労死が労働基準監督署によって認められたのは二〇一四年五月二三日だ。それは私の在籍中のことだが、恥ずかしながら、私はその事実を知らなかった。NHKがご両親に説明している話では、未和さんの過労死をきっかけにNHKは全局的に「働き方改革」を進めたということだが、正直、そうした注意喚起は、少なくともデスクとして現場で取材指揮を執っていた私には降りてきていない。

NHKが公表したことにより事実を知った私は、NHK内の人間を通じてご両親に連絡をとろうとしたが、それも難航した。何か、それに関わることに消極的な雰囲気を感じた。

結局、私が親しくしていたOBが定期的にご両親と連絡をとっているということがわかり、ご両親に会えるよう手配してくれ、ご自宅にうかがった。それが未和さんのことを取材した最初だ。

当時は、未和さんの遺骨は自宅にあった。そして未和さんの笑顔がおさめられた写真。そのときから、ご両親から語られていたのは、娘の死の真相を伝えないＮＨＫへの不信感だった。守さんは、あるエピソードを語った。

「二〇一八年三月二二日の国会で未和の過労死が取り上げられた際、『管理職は勤務状況を把握していたのか』と問われて、ＮＨＫの上田会長（当時）が、『把握していた』と話したんです」

守さんは、日本を代表する大企業で海外支店長を務めた経歴を持つ。事実を確認しながら冷静に語る姿が当初から印象的だ。

「把握して放置していたなら、ＮＨＫは未和の過労死に責任があるということでしょう」

大企業の幹部として生きてきた守さんだけでなく、誰しもそう思うだろう。ご両親はその点をＮＨＫに問い合わせた。

「未和が過労死するまで長時間労働をしたことに対して、当時の管理職が労働時間を把握していたのか、していなかったのか、本当のところを知りたい」

自宅を訪れた幹部にそう頼むと、後日、「本人に確認した結果、本人は知らなかったと言いました」との回答が来た。納得はできなかったが、そう言うのならと、その言葉を文章で出してほしいと求めると、出すとも出さないとも言わない。

未和さんの上司だった「東條」は、実は私のNHK時代の同期だ。都庁キャップの後、ある地域の報道統括という要職に就いた。その「東條」が未和さんの葬儀で読んだ弔辞を、ご両親が戸惑いながら見せてくれたことがある。

「NHKでは弔辞って、こんな感じなのでしょうか」

そこには、ボールペンで書きなぐったとしか形容できない文章があった。誤字には斜線がしてあるだけだ。部下を失った慟哭、後悔、自責の念など、まったく感じられない。この弔辞はNHKの対応を象徴していると、少なくともご両親は思っている。

「東條」からは二〇一七年に、転勤で東京を離れるという挨拶があった後、命日も含めて葉書一枚、電話一本ない。まったくの没交渉だ。

「おかしいですよね?」

ご両親にそう問われ、返す言葉がなかった。それだけではない。「東條」の対応について彼の上司でもあるNHKの幹部に指摘したところ、「本人は苦しんでいるはずです」とかばっただけだったという。部下が過労死した。その死の責任は自分にはないとして、遺族に葉書一枚出さないとは、ジャーナリスト以前の問題だろう。

私はご両親から聞いたことをNHKに書面で問いただした。たとえば、「東條」をかばうだけにしか聞こえない幹部の説明はNHKとして適切だったと考えるかと、その見解を問うた。その結果は一言だった。

「ご指摘のような趣旨の発言はしていません。以上」

ご遺族が勘違いをしたというのか。あるいはご両親が虚偽の話を私にしたというのか。あまりにひどい対応と言ってよいだろう。私がＮＨＫの記者時代に、疑惑を抱えた企業なり組織なりを取材してこういう回答が出されてきたなら、「あっ、この疑惑はかなり深い」と感じるだろう。そして私は取材を始めた。

国会で事実と異なる答弁

未和さんの命日は、七月二四日だ。しかし、実際に未和さんが死亡した日は定かではない。

未和さんは携帯を握りしめたままの姿で発見された。発見したのは婚約者だ。東京から離れた地方で仕事をしていた彼が、七月二五日に仕事が終わって未和さんの自宅に行き、倒れている未和さんを発見した。

実は、婚約者はしばらく前から未和さんと連絡がとれなくなっている。心配になった彼は、未和さんが所属していたＮＨＫの東京都庁記者クラブ（都庁クラブ）に問い合わせている。この点は、電話を受けた都庁クラブの記者とご両親が話をして、確認している。ところが、都庁クラブの記者は未和さんの所在の確認をしていない。

なぜ所在の確認をしなかったのだろうか。実は、守さんは直接、その記者に問いただしている。その記者はまともに答えられていない。

未和さんは都庁クラブから異動することが決まっていた。そのため、都庁の幹部に挨拶に行く予定になっていた。それが七月二四日だ。未和さんは姿を現さない。それでも、キャップの「東條」を含め、都庁クラブの記者は誰一人、異変に気づかなかったという。

「もし早く動いていてくれたら、ひょっとしたら未和は死なずにすんだかもしれないと、そう考えることだってあります」

無念そうに話す恵美子さん。当然だろう。「都庁クラブ内の人間関係はどうだったのか？　未和はいじめにあっていたのではないか？」と思ったご両親は、未和さんと関わりのあった当時の関係者に直接、話を聞かせてほしいとNHKに要望している。しかし、その都度、「そうした事実はなかった」「未和さんはみんなにかわいがられていた」という返事が返ってくるだけだった。調査はNHKが行なうという一点張りだったという。

では、なぜ都庁クラブの記者は動いてくれなかったのか。その疑問への答えはない。ところで、NHKが自ら行なうとした「調査」とはどういうものだったのか。ご両親はそれも明確ではないと感じている。

そこで、私からNHKに調査の有無について問い合わせ、調査結果の開示を求める旨を伝えた。それについてのNHKの回答は、「佐戸未和さんの過労死を重く受け止め、NHK全体で働き方改革を推進しています。調査の具体的な内容については、回答を控えさせていただきます」というものだった。

　こうした中、二〇一九年三月二八日の国会で、未和さんの過労死が取り上げられる。そこで、共産党の山下芳生議員が、婚約者が何度も電話やメールをしたのに連絡がとれないので都庁クラブに問い合わせをしたのではないかと質問している。そのとき、NHKの松坂千尋理事は次のように答弁している。

「当時の都庁クラブの関係ですけれども、当時の都庁クラブなどに話を聞いたんですが、ご指摘のような問い合わせについては確認できなかったということです」

　これは事実ではない。ご両親は電話を受けた記者とも話をしているし、ご両親とNHKとの間でも同様のやり取りが行なわれている。国会での虚偽答弁にあたると指摘されても反論できないだろう。これは理事個人を責める話ではないのかもしれない。あらかじめ準備された答弁書を読んでいるからだ。この国会答弁についても私からNHKに問い合わせた。さすがにNHKもまずいと思ったのだろう。「当時の関係者からあらためて話を聞いています」との答えだった。調査が不十分だったとしたほうが深刻な事態を招かないという判断かもしれない。

　この国会答弁は未和さんがこの世を去ってから六年後の出来事だ。私に対しても「佐戸未和さんの過労死を重く受け止め、NHK全体で働き方改革を推進しています」と明言している矢先の話だ。その未和さんの過労死に関わる、もっとも重要な点で、事実と異なる国会答弁を行ない、誤りを指摘されると、「当時の関係者からあらためて話を聞いていています」と話す。呆れるという言葉では表すことができず、しばし呆然とするしかなかった。

遺族と向き合わないNHK

NHKは「当時の関係者からあらためて話を聞いていています」と回答したが、その後、何も回答はなかった。

しばらく後に調査結果を問い合わせると、「当時の関係者からあらためて話を聞いたところ、ご指摘の方が都庁クラブに電話をかけていたことを確認しました」と回答。「これで文句ないだろう」と言わんばかりの対応には、怒りよりも、「この組織は大丈夫なのだろうか」と心配にさえなった。それには理由がある。都庁クラブの不自然な対応は、婚約者の電話への対応だけではないからだ。

婚約者から未和さんの安否確認を求める電話が入ったのは二〇一三年七月二五日。その前日の七月二四日に、未和さんは都庁の幹部に会う予定になっていた。それは都庁クラブの担当を外れる未和さんが離任の挨拶を行なうものだった。そして、未和さんは幹部のところに姿を現さなかった。ところが、その異変に都庁クラブの誰一人、注意を向けていなかった。その夜には参院選取材の打ち上げがあったが、未和さんはこれにも参加していない。それでも誰一人、彼女の所在確認をしていない。

「異変に気づくチャンスは何度もあった。なぜ音信不通になった未和の消息を確認しようとしなかったのか」

守さんは表情をゆがめて話した。その横で恵美子さんが涙ぐんだ。

こうした事実がＮＨＫで共有されていたとは言いがたい。自宅に焼香に来たＮＨＫの理事に、都庁幹部への未和さんの離任挨拶の件を問うと、その経緯さえ知らなかったという。その結果、国会で問われた理事が事実と異なる答弁をしていたことは前述のとおりだ。

おかしな話だ。この件は、実は証拠も残っている。未和さんが当時の先輩記者に送った携帯メールが残されているのだ。そこに、「局長次長議会対応が入ってしまい、挨拶は明日になりそうです」と書かれている。送った先輩記者の名前も確認できる。そのうえで挨拶に行っていない。その点で都庁クラブは異変に気づいていないとおかしい。通常は、離任の挨拶に行くことを記者がキャップに報告し、その後、挨拶のときのやり取りをキャップが確認する。なぜなら、それは業務として行なわれており、都庁幹部の日程にも記録される事柄だからだ。もちろん、そういう状況さえ把握していないほど杜撰な業務をしていたという説明は可能だ。しかし、そうした説明をご両親は耳にしていない。

ところで、ご両親にＮＨＫが行なうと伝えていた調査とはどのようなものだったのか。

未和さんの過労死を反省して「働き方改革」を実施したとする以上、未和さんがどのような経緯で過労死し、その未和さんの「働き方」のどこにNHKは問題点を見出したのか。過労死を二度と起こさないとする以上、それは最低限、行なわれなければならない。

その調査の内容について、私に開示しないことは仕方ないかもしれない。だが、NHKは、遺族であるご両親が説明を求めても、その概要さえ伝えていない。本当にそれは調査と呼べるものだったのか。

調査の実態

私は未和さんの調査報告書の開示をNHKに求めた。私に開示することはないだろうとは思ったが、どのような回答をするのかは確認したかったからだ。そして、もしプライバシーを理由にするならば、ご両親が請求すれば開示される可能性が出てくる。そのために開示を求めたのだが、NHKから届いた回答を見てわが目を疑った。

「不存在」

そこには一言、そう書かれていたからだ。つまりNHKは未和さんの過労死について調査報告書をまとめていないということだ。

私はその回答を持ってご両親のもとに走った。電話口で守さんは私の言葉を信じなかった。「さすがに、そんなことはありえないでしょう」と語った。

自宅にあがって応接間で開示文書を広げた。そこにはたしかに「不存在」との文字。それを見つめるご両親。守さんも恵美子さんも、わけがわからないという表情で私の顔を見た。

「もちろん、調査をしていないということだとは思いませんが、しかし報告書をまとめていないという点は間違いないかと思います」

なぜかNHKを代弁しているかのような口調の自分に呆れつつ、経緯を説明した。

「報告書がない調査って、調査と呼べませんよね」

守さんは、途方にくれるように言った。恵美子さんは耐えられないという表情でため息をついた。

思いもよらぬ事実の「開示」を、ご両親は信じなかった。その後、自宅にNHKの対応を説明に来るNHK幹部に「調査報告書を読んだことがあるのか」と問い合わせはじめた。そして愕然とする。誰に問い合わせても、「調査報告書」なるものを読んだ人はいなかった。

ご両親が愕然とするのは当然だ。NHKはご両親に対して、未和さんの過労死を教訓として「働き方改革」を進め、過労死の防止策を全面的に検討したとしている。それは調査報告書があって初めて可能な作業だ。そうでなければ、何を「教訓」とするのかさえ、判然としない。

「報告書もまとめずに防止策を検討すると言われても、まともな防止策になるはずがないのではないか」

大企業の幹部社員だろうが、中小企業の社員だろうが、組織に属している人間なら当然抱く疑問だ。

もちろん、NHKが「働き方改革」を実施し、職員の休暇取得や残業時間の削減などを進めていることは間違いない。問題は、そのきっかけとなったと、少なくともNHKがご両親に説明している未和さんの過労死について、どうNHKの中で総括しているのかという点だ。

その点についてNHKはご両親への説明と、局内の説明で異なることを言っているのではないか。ご両親がそう懸念しはじめたそのとき、それを私自身がぶつけられることになる。

私が日刊ゲンダイに未和さんの過労死について書いていることを知ったNHKの職員から、「あれは事実が違う」と言われたのだ。どういう意味か問うと、「彼女の死因は持病が原因だ。遺族からいろいろ言われて、NHKが過労死の認定を受けられるようにしたものだ」と語った。この話は、まったくもって事実ではない。未和さんに持病があったことは事実だが、それは過労死につながるようなものではなく、過労死を認めた労働基準監督署は持病についても把握したうえで、あくまで勤務実態から過労死を認定している。さらに、NHKが未和さんの過労死認定のために尽力したという事実などない。すべてはご両親の努力の結果だった。私は怒りを抑えて、「それは局内で共有されている話か？」と問うた。職員は、「そうだ」と平然と言ってのけた。

私はこの事実を未和さんのご両親に言うか言うまいか、正直、迷った。これほどご両親を悲しませる話はない。しかし言わないわけにはいかない。私は再び自宅を訪れて、一連のやり取りを伝えた。そのときのご両親の表情をここに書き記すほど、私は残酷にはなれない。

過労死、再び

未和さんが過労死して九年目の二〇二二年九月二日、NHKは四〇代の男性記者が過労死したことを発表した。

報道によると、死亡した男性は都庁クラブのキャップで、参院選や東京オリパラの取材指揮にあたっていたという。会見したNHK理事は、「再び労災認定を受けたことは痛恨の極みであり、大変重く受け止めている」と語ったという。

「再び」が未和さんの過労死を指していることは間違いない。「大変重く受け止めている」と語った理事は知らない人間ではない。番組制作者として指導してもらったこともある先輩だ。それだけに、「大変重く受け止めている」という言葉にむなしさを感じざるをえなかった。

未和さんの死は労働基準監督署によって過労死を認められたが、それによってNHKの誰かが責任をとったという事実はない。未和さんの勤務状況について上司であるキャップは知らなかったと回答しているからだ。未和さんの勤務は未和さんが個人の責任で管理しているもので、NHKの誰も把握しておらず、それは把握する必要もないものだというのがNHK側の見解だと言ってよいだろう。

私はNHK時代、都庁クラブと同様かあるいはそれ以上の激務であろう司法クラブのキャップ（大阪司法クラブ）を務めていたが、その経験から言って、それはかなり無理な説明だ。正直に言えば、私は今では許されないような鬼キャップだったかもしれない。検察担当の記者二人には早朝に出勤前の検察関係者を取材させ、夜も検察関係者を自宅前で取材させた。私自身もそれをした。裁判担当の記者は夜、記者クラブに残して裁判記録の読み込みをさせた。そして日付が変わる頃に記者クラブで全記者が合流して情報交換をする。検察の動きを確認し、裁判記録の報告を受けて司法クラブとしての翌日、翌週のスケジュールを決める。もちろん、朝のニュースに出す原稿があれば、原稿書きも行なう。

その生活は、基本的に週末も変わらない。現在はそういうことはないかもしれないが、末和さんが都庁記者だった時代も、それに近いことが行なわれていた可能性はある。しかし、それだけに記者の体調管理はキャップの責任問題だという意識はあったし、それを記者も共有していた。体調が悪ければすぐに帰宅させ、休養をとらせた。自宅で休むよう命じることもたびたびあった。

大事なのは次の点だ。こういう取材状況ゆえに、配下の記者の動きはすべて把握していたし、仮に記者が過労死すればその責任を負うことは避けられないと考えるだろう。ところが、末和さんの上司だった都庁キャップの「東條」は末和さんの取材状況や帰宅の状況をまったく把握していなかったと説明し、NHKはその説明をうのみにした。その結果、末和さんの過労死についてNHKは誰も責任をとっていない。ご両親はその点に今も不信感を持っている。なぜ上司は記者の勤務状況を把握していないとの無理な回答をしたのか。おそらく、誰かが責任を認めると、さらに上の人間の昇進にも影響するとの判断が働いたのではないか。そうした疑問を少なくともご両親と私は共有している。そうした状況で、「大きな責任を感じている」と言われても、その言葉は説得力を持たない。

そもそもNHKは末和さんの過労死を教訓にしているのか？　疑問に思わざるをえないのは、末和さんの過労死について調査報告書さえ存在しないからだ。

実はNHKでは、在職中に職員が死亡するケースが少なくない。

二〇一七年までの一〇年間で九一人が在職中に死亡している。多い年で一二人、少ない年でも六人が死亡している。繰り返すが、全員が在職中の死亡だった。それらの中で労基署が調査したら過労死と認定されるケースはあるのではないか。未和さんの過労死についての調査報告書もない事実が、そうした疑念を抱かせる。

未和さんのご遺族の要望は、調査報告書の作成と、健全な公共放送の運営だ。これは本書の冒頭に書いた「指南書」問題にも通じる。世間が忘れるのを待つという姿勢を変えない限り、NHKが健全な公共放送になる日は来ない。NHKは現在、改革を声高に叫んでいる。しかし自らに厳しい目を向けない限り、その体質は変わらないだろう。

いま、ご両親が考えること

未和さんが眠る墓を参る一週間前、私はご両親とあらためてNHKの対応について話し合っていた。そのとき、話題になったのは、そもそものNHKの公表についてだった。

恵美子さんが話した。

「あれは、『あさイチ』だったと思うんです。有働由美子さんの。電通で社員の高橋まつりさんが過労死をした件を取り上げて、その問題を伝えていたんです。でも、番組は、未和のことにいっさい触れていませんでした。NHKでも過労死が起きていたのに……」

恵美子さんはこう言った。

「自分たちの事件を棚にあげて、未和のことを消しゴムで消していた」

それがきっかけだった。この年の命日の焼香には直前になってもNHKから音沙汰なく、ご両親は弁護士を通じて、NHKに問い合わせを行なった。その後、二〇一七年一〇月四日にNHKが未和さんの過労死を発表。しかし、その会見の場で、なぜ発表が遅れたのかを問われたNHKは、公表しなかったのは「遺族の希望」だったとした。当然、取材した記者は違和感を覚えただろう。なぜなら、その遺族が希望してNHKが公表に至ったからだ。矛盾でしかない。

守さんは、そこにNHKの狡猾さを見る。

「未和の死が過労死であると認定されたとき、NHKからの照会に対して弁護士は『労災の認定について記者会見する予定はない』とだけ伝えた。弁護士から『記者会見を開くか』と問われても、普通の人は記者会見を開くなどという発想にはなりませんよね。娘が死んで、ただでさえ苦しんでいるのに、それが過労死だったとわかって、私も妻も悲しみと混乱の中にいるわけです。ですから、『記者会見はしません』と答えたんですが、NHKはそれをもって、公表しないのは遺族の希望ということにしたわけです」

もちろん、守さんのこの指摘をNHKは否定するだろう。NHKとしてはそう受け取ったのだと。だから狡猾なのだ。普通なら、「未和さんの過労死の件、発表してもよいでしょうか」と尋ねればよい話だ。

二〇一七年一〇月一三日、NHKの公表内容に憤りと不信感を感じたご両親は、厚生労働省の記者クラブで記者会見を開く。以後、その状況は長く変わることはなかった。

それが多少なりとも変わったのは、二〇二三年一月に就任した稲葉延雄会長が佐戸家を訪れたときだった。守さんが語った。

「就任された年の五月に稲葉会長が自宅に見えられました。井上（樹彦）副会長ら幹部のみなさんも一緒に来られたんです」

初対面で双方が緊張して向き合った。

「緊張していましたが、私たちの思っていること、NHKのこれまでの対応について感じていることを率直に話しました」

それは「今までの経緯、NHKがどういう対応をしてきたのか、その憤りを含めて思いを率直にぶつけた」という。

佐戸家には、稲葉会長の前任の前田会長、上田会長も訪れている。そのたびに守さんは思いを伝え、時の会長はもっともだという顔をしてうなずいていたが、自分の意見はいっさい言わなかった。ところが、稲葉会長は違ったという。

「『まったくそのとおりだ』という言い方で、本当にピンときた、といった感じでした」

ご両親がNHKに求めてきた未和さんの過労死を検証する番組についても、「番組化する」と明言した。

「社会のためにも局内で起こった過労死の問題にはきちんと向き合い、報道機関としてできること、やるべきことをちゃんとやる』とも言われた。これには横に座る幹部連中も驚いた表情を見せていたように感じました」

その後、NHKのご両親に対する姿勢は変わる。そして番組化についてご両親に協力依頼が来る。もちろん、断る理由はない。

そして二〇二三年一一月一五日、「クローズアップ現代」で未和さんの過労死が取り上げられる。

番組は、ご両親の思いを紹介し、同僚の記者らのインタビューを織り込んで未和さんの過労死について報じた。だが、ここまで本書で取り上げてきたNHKの対応の問題点に迫るものではなかった。

番組は、宝塚歌劇団で起きた過労死を入り口に始まる。そして未和さんの過労死について一〇分ほど伝える。そこで未和さんの元同僚の記者らが取材に応じている。その内容は、一言で言うと、私たちは知らず知らずのうちに働きすぎていた、という職場の状況を反省する内容だ。

そしてご両親の言葉が紹介される。問題はその部分だ。

まず守さんが語る。

「未和だって生きていれば今頃どんな生活を送っているのか、どんな人生を送っているのか、ね」

これは娘を亡くした父親が娘を思って出た自然の言葉だ。

そしてナレーションが入る。ここで明らかに番組がある方向に視聴者を誘導していることがわかる。ナレーションは、「母親の恵美子さんは自らを責めつづけてきたと言います」と語りかけ、恵美子さんの姿を映す。恵美子さんは、日誌を取り出している。そこには「一生けん命、(死ぬ気になって)がんばれ」と書かれている。そして恵美子さんは話す。

「やっぱりこの言葉は残りますね」

そしてナレーションが「亡くなる少し前、弱音をはく未和さんを励まそうとしたときのことでした」と続く。

そして恵美子さん。

「『死に物狂いで頑張ったら』、そういう慰めをしているんです。私がなんで必死に頑張れとか、死に物狂いで頑張ったらっていう言葉を使ったんだろうって、いつも後悔しながら、未和に、ごめんね、ごめんね、ごめんね」

その言葉に嘘はない。未和さんが知らず知らずのうちに働きすぎ、そして過労死したという点も事実なのかもしれない。恵美子さんが娘に自分が投げた言葉を後悔し、それで苦しんでいることも事実だ。しかし、ご両親を苦しめているのはそれだけではない。当然、頑張るだろう娘の労務管理を怠ったうえで、その結果として生じた過労死のその事実を隠蔽し、公表を迫られても正面から向き合わず、その結果、未和さんが過労死した原因について調査報告書さえ作成しないＮＨＫの対応だ。それはいっさい、番組では触れられていない。つまり未和さんがなぜ過労死したのかを深く掘り下げることはなく、ＮＨＫにとって不都合な事実が語られることもなかった。

守さんは言った。

「これ以上のことは触れない、ということなのでしょうね。もちろん、番組化にいっさい応じてこなかったこれまでの状況からすれば一歩前進だとは思います。しかし、私たちからすると、長年の問いかけや疑問に何ひとつ答えておらず、とても納得できる番組ではない」

それでも、検証番組を求めても無視されてきたご両親からすれば、これは「前進」であることに間違いはないだろう。

この番組について、ＮＨＫ放送文化研究所のブログで研究員の東山浩太氏は、「今回、佐戸さんの過労死について説明を尽くしたかは、視聴者の判断に委ねられる。ＮＨＫには佐戸さんの死を語り継ぎ、社会全体で過労死をなくしていくための発信が求められる」と書いている。しかしご両親は、この記述にある当事者意識の欠如こそが問題だと感じている。

この番組の制作にあたって、担当のPDの取材にご両親は全面的に協力している。それは番組をきっかけに、婚約者の問い合わせや都庁幹部への挨拶に関する疑問に、当時の都庁クラブの記者が答えることを期待してのことだ。担当PDは当時の関係者にあらゆる取材を尽くすと語っていたという。

そして、その取材から意外な話が出てきた。都庁幹部への挨拶について、未和さんが幹部のところに行っていないにもかかわらず、それに対して都庁クラブが異変を感じなかった理由だ。

「実は、都庁幹部への挨拶は、都庁側の都合でキャンセルになっていた」

当時の都庁クラブの記者がPDの取材に対してこう話したという。キャンセルになっていたので、未和さんが挨拶に行かなくても不思議に思わなかったということだ。

「驚きました。その記者とはやり取りをし、『広報を通してくれ』とか『私は答えられない』といった言い方で対応を拒否しましたが、都庁幹部の挨拶に未和が行かなかった点について問うと、言葉を濁すだけでした。挨拶がキャンセルになっていたなど、当時のやり取りでまったく出ていません」

この記者が本当のことを言っているのか、あるいは責任逃れのために虚偽の説明をしているのか、それはわからない。おそらく都庁にも一〇年前の面会記録は残っていないだろう。調査報告書がまとめられていないので、後でなんとでも言い訳できるという側面は否定できないだろう。

雨に打たれる墓石

墓石を前に、しばし守さんと私は無言で立ち尽くした。傘はさしていたが、それは形だけだった。守さんも私も濡れていたが、それを気にする気にはなれなかった。

その場には、自宅でいつも私を迎えてくれる恵美子さんは来なかった。その気持ちがわかる。私は、かがんで未和さんの遺骨がおさめられている近くでおがんだ。ふと、胸が苦しくなり、涙が一気にあふれた。自分でも思いもしない慟哭に、しばし身を委ねた。

親より先に死ぬことほどの親不孝はないと、誰もが言う。それはしかし、死んだ子どもを責める話ではないことは当然だ。子どもが死にたかったわけではない。特に、未和さんはそうだ。

雨に打たれる墓石を見つつ、恵美子さんが以前、私に語った話を思い出した。

「『未和さんの過労死はNHKにとって不祥事ではありません』って、そう言った言葉が耳から離れません」

娘を失った母親にそう言ったのは、NHKで現在、理事を務める当時の幹部職員だ。つまり、NHKには何の責任もないという説明だ。

ふと、それは何かの間違いかとも思い、守さんに、「本当にそんなことを言ったのでしょうか?」と尋ねた。守さんは言った。

「ええ。私も聴きましたから。間違いありません」

未和さんは自ら好んで身体を壊すほど働き、その結果、死亡したのだ、というのだ。だからNHKでは誰も未和さんの死について責任をとっていない。「不祥事ではない」とは、それを強調する言葉だ。「全体責任は無責任」という言葉がある。Everybody's business is nobody's businessという英語から来ていると聞いたことがある。NHKはそういう組織ということなのだろうか。

恵美子さんは今も未和さんの死に苦しんでいる。だから娘の墓の前に立つには心の準備がいる。当然だろう。私の横で傘をさす守さんも苦しんでいる。雨に打たれる未和さんの墓を目の前にして、その苦しみの一部が、私に慟哭となって伝わった気がした。しかし、ご両親の苦痛のほんの一部もNHKには伝わっていない。

なぜNHKは調査報告書をまとめられないのか

未和さんの死について、もっともつらく感じることの一つ、それは時期的に見て、過労死が選挙取材の結果だったことだ。

言うまでもなくNHKの選挙取材は、選挙でNHKが「当確」、つまり当選確実を他のメディアより早く出すために行なわれる。現在では期日前投票を含む投票所での聞き取り調査などを参考にしているが、記者の取材は期日前投票が実施される前から行なわれ、投票期間が始まっても、それと並行して行なわれる。

しかし考えてみれば、選挙結果は、各地の選挙管理委員会が発表するものだ。それより少しでも早く出したいというメディアの意識によって選挙取材が行なわれる。

その選挙取材とはどういうものか。各記者が選挙区や候補者を割り当てられて、ひたすらその状況を取材しつづける。選挙区に貼りつく形になる。政党はそれぞれ基礎票がある。ただし、共産党、公明党以外は、その基礎票も流動性がある。そこで、鍵を握るとされる有力者に接触して取材する。それは当然、真夜中になるときもある。加えて、無党派層の動向を探る必要がある。よく行なわれるのは、定期的に、一日一〇〇人に「あなたは誰に投票しますか」と尋ねてみることだ。そうして集めた情報を会議で報告する。面白いのは、政治部は実はこうした取材には関わらないということだ。政治部は政党本部で党の有力者を取材していればいいからだ。それは永田町を中心に行なわれ、そこから出るのは、党の代表や自民党の派閥の幹部が地方に応援に入るときくらい。それもハイヤーとグリーン車を乗り継いでの殿様取材だ。しかし現場取材は違う。公共交通機関を使い、取材先にアポをとり、相手の指定する時間に合わせて行動する。それは末和さんのように現場を任されている記者の仕事だ。

そして、不思議なことがある。こうして集められた取材結果は、政治部が中心となって作る選挙事務局で管理される。そして、それがNHKの報道に活かされる……だけなら、未和さんたちの努力もそれなりに意味はあるかもしれない。ところがそうではない。

私の経験を書く。私が国際放送局のデスクをしているとき、自分の番組のために選挙中継場所を自民党本部に確保する必要から、旧知の自民党幹部を訪ねたことがある。選挙期間が半ばに入った頃のことだった。その際、幹部から「これ、NHKの選挙結果だ」と見せられたのは、NHKの各地の選挙取材の結果だった。

「まだ、こんなことをやっているのか」。私は口には出さなかったが、そう思った。それは、過去にNHKがそうした情報漏洩をしていることを、少なくとも私や私の周囲は知っていたからだ。自民党だけにしているわけでもない。野党にも同じようなことが行なわれていた。それがNHKと政治とのギブアンドテイクだった。しかし、それは私が社会部にいた時期にNHK内で問題になり、情報漏洩は禁止されたはずだった。しかし、漏洩はなくならず、ギブアンドテイクの材料に使われつづけていたということだろう。

実は、それは衝撃的な事実を私に突きつける。自民党本部を私が訪ねたのがまさに二〇一三年。未和さんが取材をした参議院選挙のときだったからだ。未和さんが命を削って集めた選挙情報は、そうしたNHKの政治との駆け引きにも使われていたということだ。つまり未和さんは、そうしたシステムの犠牲になったとも言える。未和さんの墓前で私が慟哭せざるをえなかった理由はそこにある。

NHKが未和さんの過労死を調査報告書にまとめることができない理由は、さまざまだろう。「不祥事ではない」、誰の責任でもないとしている以上、深い調査ができるわけはない。しかしもう一つ、選挙取材による過労死の実態に迫ろうとすれば、NHKの持ついびつなシステムを明らかにすることになるということもある。「クローズアップ現代」がいっさい、NHKの問題に触れない理由もそこにあるのだろう。

NHKはこの私の説明に反発するだろう。しかし、反論しようとするならば、唯一の選択肢は未和さんの過労死について適切に調査をし、その調査報告書をまとめることでしかない。それくらいは公共的なメディアを標榜する放送局であるならば理解してほしい。

NHKとはどういう組織なのか。その問いに恵美子さんは、「未和が生まれてしばらく長崎の実家で暮らしたんですが、そのときに『おかあさんといっしょ』に出たんです。たくさん葉書を書いてね。抽選に通って。みんなうらやましがりましたよ。NHKは特に地方で人気がありましたよね。だから、天下のNHK、良心の塊というイメージで私たちは見ていたんです。それが、ここまでやって、あなたたち、それでもまともな……」と言って、言葉を飲み込んだ。

守さんは、「NHKのそういう対応、未和の過労死をひた隠しするような、NHKの中に臭いものにふたをするという、メディアとしておかしい、官僚的な、上の人の意向に忖度して、自分としておかしいと思っていても、上に忖度して変なことは言えない。だから、黙っている。そういうところが組織としてあると思う。ジャーナリストを標榜しているが、わが身可愛いから、局内で起こった過労死を自分が言い出しっぺになってやりたくない。やらない」と言葉を続けて、次のように言った。

「(NHKは)一般の会社と違うでしょう。あなたがたはジャーナリストでしょう。そういう思いはあります」

あとがき

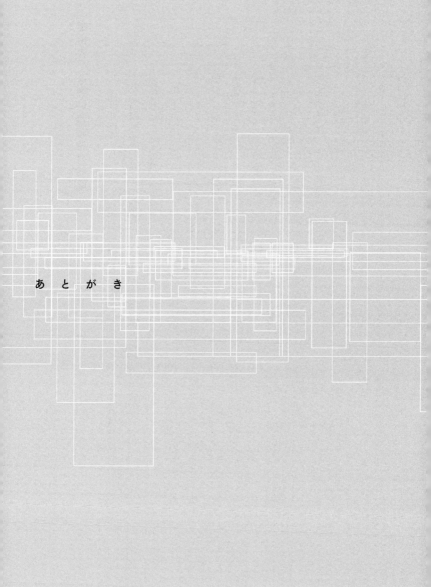

「指南書」を書いた記者の葬儀

二〇二二年八月、一人の元NHK記者が死亡した。その葬儀に贈られた花を、参列者は複雑な思いで見た。送り主が森喜朗元首相だったからだ。

葬儀は「指南書」を書いたとされる元記者のものだった。

第1章で述べたように、当時から「指南書」を書いたのはNHKの記者だと言われていた。しかしNHKは当時の海老沢勝二会長がそれを否定。私の取材に対しても、NHKは当時の会長答弁を繰り返した。私はNHKにその検証を求めた。それがNHKの再生に不可欠だと考えたからだ。しかし当事者の死で、その機会は失われた。

NHKは「公共放送」と自らを位置づけ、それは人々に一定の理解を得られている。しかし、NHKは自ら「公共放送」とは何かを定義してはいない。あえて言えば、次の言葉くらいだろう。

「企業の広告で成り立つ商業放送ではなく、税金で運営される国営放送でもない」

私の二五年のNHKでの経験でも、「みなさまの受信料で成り立っているNHK」という言い方が、公共放送を意味する唯一の言葉だったと記憶する。

しかし、それはしょせんは放送局の運営方式の話でしかない。公共放送の果たすべき役割とは何か。政治権力との距離はどうあるべきか。時の政権が間違ったことをしたとき、NHKはどうすべきか。こういう疑問に答えたことがあるだろうか。私の記憶では、ない。

この「指南書」問題がなぜ見過ごせないかと言えば、それは、この問題こそ、NHKが公共放送とは何かを考える機会だったと考えるからだ。私に当時の実情を明かしてくれた政治部OBも同じ気持ちだっただろう。政治の中枢を取材する「公共放送」は、政権の擁護者であるべきなのか。仮にそうだというのならば、それを公にしなければいけない。

NHKは、「指南書」を書いたのはNHK記者ではないと否定することで、間接的に、こうした問題はあってはいけないとの姿勢を示したようにも見える。実際、「指南書」を書いた記者は急な異動で現場を離れている。以後、記者として取材の現場に出てはいない。それを考えると、NHKは事実関係を把握しており、「指南書」を書いた記者の責任を問うているようにも見える。しかし、その記者、正確には元記者は、その後、報道の現場からは離れたものの、順調に出世し、地方局の局長を務め、考査室長にもなっている。考査室はNHKの番組を検証する会長直轄の部署で、要職だ。私があらためてこの問題を記事化してからしばらく後に考査室長を辞めているが、NHK職員のキャリアとして決して不遇というものではない。要は、「指南書」を書いた記者は記者としてのキャリアは終わったものの、NHK職員が好んで表現する「協会人生」としては悪いものではなかった。

私は「指南書」を書いた個人を追及したいわけではない。個人の「協会人生」が恵まれたものだった点を批判したいわけでもない。大事なのは、NHKがこの問題を総括することだ。それができずに当事者が死亡してしまった。それはNHKにとって短期的には都合の良い状況を生んでいるかもしれない。しかし公共放送を掲げるNHKにとって、長期的に見て決して好ましいことではない。それをNHKの幹部は理解するべきだろう。そうでなければ、第二の「指南書記者」は生まれる……否、すでに生まれているとの指摘もある。

GHQが残した記述

こうしたNHKの姿勢はどこから来るのだろうか。少し歴史的に検討してみたい。

一般的に言って、トップは無能で、力強いリーダーシップを発揮できないという特徴を持つ。主要な地位は閑職だ。現職の多くは軍国主義体制の下で任命されている。

こう書かれた昔の記述がある。そして次のように続く。

インセンティブが欠如し、イニシアティブを発揮する勇気もないため、若いスタッフは日本のラジオ放送の改善に寄与できていない。NHKの内部構造の特徴は、過度の組織化、番組制作の責任と権威の高度の分散化、過剰人員である。部門間相互の激しいねたみと協調さの欠如が目立つ。

CIEラジオ課の職位の支援を得て、番組制作も効率的になってきた。

これは敗戦後の日本を占領して「民主化」を担ったGHQ＝連合軍総司令部で放送を担当したCIE＝民間情報教育局の担当者が書き残したもので、記述にあるとおり、「NHK」について占領軍が受けた印象を示している。正確には、この「NHK」は現在のNHKとは異なり、一九二六年に設立された社団法人日本放送協会を指すが、その連続性がメディア研究者から指摘されるとおり、社団法人日本放送協会はその資産、職員をそのまま引き継いで現在のＮＨＫ＝特殊法人日本放送協会になっている。

もう少し記述の内容を確認してみたい。「トップは無能で、力強いリーダーシップを発揮できないという特徴を持つ。主要な地位は閑職だ。現職の多くは軍国主義体制の下で任命されている」。これはどうだろうか。異を唱える人は多いかもしれない。「さすがにトップは無能ではないし、必ずしも正しい方向ではないにしても、少なくともリーダーシップを発揮できないという特徴があるとは思えない」という声が聞こえそうだ。もちろん、現在は「軍国主義体制」でもない。

では、「インセンティブが欠如し、イニシアティブを発揮する勇気もないため、若いスタッフは日本のラジオ放送の改善に寄与できていない」はどうだろうか。「ラジオ放送」は現在であれば「放送」、あるいは「テレビ、ネットサービス」と置き換える必要があるだろう。このあたりは、「たしかに、今もそういう点がある」となるのではないだろうか。

では、「ＮＨＫの内部構造の特徴は、過度の組織化、番組制作の責任と権威の高度の分散化、過剰人員である。部門間相互の激しいねたみと協調さの欠如が目立つ」はどうだろうか。

ここに至って、「ああ、NHKの特徴は戦前からあったのか」と思う現役のNHK職員は少なくないのではないだろうか。

放送史から見る社団法人日本放送協会との一体性

GHQが分析した「NHK」は、大本営発表を垂れ流した政府のプロパガンダ機関として機能した。これは現在のNHKが否定しているものだ。NHKは自らを「公共放送」と位置づけ、国家が放送を管理する国営放送ではないとしている。それは、戦前の「NHK」と現在のNHKとの間の連続性を否定するものだ。資産や職員こそ引き継いだものの、戦後に誕生したNHKは戦前、戦中の社団法人日本放送協会とは根幹において別物という説明だ。その点を考えるうえで、もう少し歴史的な事実に付き合ってほしい。

電波によって音声が伝えられることが発見され、世界でラジオ放送が始まったのが一九二〇年代。アメリカでは各地でラジオ放送が民間ベースで始まり、イギリスでは一九二七年に現在のBBCの原形となる放送局が事業を開始する。実は日本の放送事業は、世界に遅れをとることなく、ほぼ同時に始まっている。

一九二五年　東京放送局の開局
一九二六年　名古屋放送局、大阪放送局の相次ぐ開局

実は、この三局は当初は商業放送、つまり民放として設立する方向だった。ところが、希少性の高く、影響力の強い放送を民間に委ねることへの懸念と、それが生み出す利益が社会を混乱させるとの認識から、当時の逓信大臣である犬養毅の判断で、受信料（当時は「聴取料」）を収入源とする公益法人として開局する。ただし、商都・大阪ではこの意見に最後まで反対があり、結果、三局のうち最も遅い開局となっている。

この三局はそれぞれ別の放送局として、独自の放送を出していた。たとえば、大阪では株式や米相場などの市況の情報が多く放送されたという記録が残っている。

ところが、三局は間を置かず統合される。それが社団法人日本放送協会、つまりGHQが「過度の組織化、番組制作の責任と権威の高度の分散化、過剰人員」とした「NHK」である。この統合について、メディア史研究の第一人者である有山輝雄氏は、「全国中継網を設立し、無線電話放送（当時の呼び名）を全国へ発信するシステムを構築することそれ自体が、日本放送協会の国家的

使命であり存在理由だった」としたうえで、「あまねく誰をも聴取者＝国民とする国家メディアの形成」と指摘している（『近代日本メディア史Ⅱ』吉川弘文館）。「NHK」の設立は日本を統一する役割を担ったということだ。それは一九三七年に日中戦争が勃発して後、さらに顕著になる。「NHK」を指導する役割を担った逓信省で放送行政の中心的な役割を担った宮本吉夫は、その代表的な書籍『放送と国防国家』でその役割を次のように記している。

①最も広く且つ最も迅く国家の意思を全国民に徹底する
②国家が直接国民に伝え、且つその内容に権威があるから国民の信用を得る
③責任者が声を以て直接国民に話すものであるから、その精神的影響が深く大である
④全国民が同時に聴き得るものであるから、国民の強力な精神的団結を促す
⑤放送を国家宣伝に用いるも、放送の他の使命たる報道、慰安等の作用となんら抵濁しない

その役割は、戦況悪化とともに、大本営陸海軍による虚偽情報を「全国民に徹底する」ものになるわけだが、それはそもそも「NHK」という組織に内在

された機能だったと言ってよいだろう。

敗戦で「NHK」はNHKになった

もっとも、その「全国民に徹底する」役割が戦争終結で大きな役割を担ったことも間違いない。玉音放送だ。「NHK」から放送された昭和天皇のポツダム宣言受託の言葉は、その後の解説とともに全国に届けられた。日本国民が大きな混乱なく敗戦を受け容れた背景に、この放送の効果を指摘することは可能だろう。

敗戦と同時に日本はGHQ＝連合軍総司令部の占領下に置かれるわけだが、そのGHQが重視したのがメディア、特に放送の改革だったとされる。GHQは「NHK」を接収し、そこに冒頭で係官の言葉を紹介したCIEが放送内容の管理、検閲および番組制作の指導を行なっている。GHQは放送の指針を示したラジオコードも発令している。そのうち「報道放送」については次のように書いている。

A　報道放送は厳重真実に即応せざるべからず
B　直接又は間接に公共の安寧を乱すが如き事項は放送すべからず

C　連合国に対し虚偽若しくは破壊的なる批判をなすべからず
D　進駐連合軍に対し破壊的なる批判を加え又は同軍に対し不審若しくは怨恨を招来すべき事項を放送すべからず
E　連合軍の動静に関しては公表すべからず
F　報道放送は事実に即したるべく且つ完全に編集上の意見を払拭せるものたるべし
G　着色すべからず
H　軽微なる細部を過度に強調すべからず
I　事実若しくは細部の省略に因り歪曲すべからず
J　特定事項を不当に顕著ならしむべからず
K　報道解説、報道の分析及び解釈は以上の要求に厳密に合致せざるべからず

この時期のメディアをGHQの文書から分析した山本武利氏は、「GHQはラジオメディアの独占企業としてNHKの影響力の大きさをよく認識していたからこそ『箸の上げ下ろしまで指導検閲』したわけである」と指摘したうえで、「その『指導検閲』に『不自由感』をいだかないほどにGHQの道具に短

時日に変身してきたＮＨＫの体質にＧＨＱ自身が薄気味悪さや不安をいだき、それへの対抗勢力として民放の育成の必要性を感じたわけである」と分析している（『占領期メディア分析』法政大学出版局）。

ラジオコードは「報道放送は厳重真実に即応せざるべからず」といったまともな内容も含まれていたが、ＧＨＱ占領政策に不都合なことは放送させないという規制も行なっており、ＧＨＱが表向き掲げていた「民主化」とは矛盾する内容を含んでいた。それにもかかわらず、あるいはそれゆえなのか、「ＮＨＫ」はＧＨＱが権力を握った後、ＧＨＱが驚くほど短時日に「ＧＨＱの道具」になったということだ。

この時期は実は「ＮＨＫ」、つまり社団法人日本放送協会からＮＨＫになる過渡期だった。その過渡期でも十分、時の権力の「道具」となっていたとの評価が下されていることは重い事実を突きつける。ＮＨＫは、時の権力であったＧＨＱにとってきわめて使い勝手が良かったということだ。

当時、ＧＨＱは「ＮＨＫ」を解体する方針だと、日本政府も「ＮＨＫ」の役職員も考えていた。実際に、国策通信社だった同盟通信は解体されている。ところが、ＧＨＱは「ＮＨＫ」を解体しなかった。それはまさに、「ＧＨＱの道具」としてきわめて有効だった「ＮＨＫ」を解体せずに残すほうが得だと考えたからだろう。それは当然、すでに始まっていた冷戦に対処するためにアメリカ政府が判断したものだったのだろう。

現在のNHKは、「NHK」が解体を免れたという事実を物語っている。戦前、戦中との断絶を主張することは、その事実と矛盾するとも言えるだろう。

私のNHK体験から考える

NHKについて規定する法律が、一九五〇年に制定された放送法だ。その後に民間放送が誕生したため、現在では民間放送についても規定しているが、そもそもはNHKを規定するための法律だった。そこには次の点が記されている。

・公共の福祉（第一条）
・編集権（第三条）

ただし、これが実際の放送においてどう機能するのかは定かではない。たとえば、「公共の福祉」とは何を意味するのか。私自身、二五年間にわたってNHKで取材、番組制作を担ってきたわけだが、それが明確に示されたことはない。

編集権はどうか。編集権は「法律に定める権限に基づく場合でなければ、何人からも干渉され、又は規律されることがない」権利であるとされる。では、その編集権は誰に属するのか。それは会長に属すとなっているのは、会長はNHKの「業務を総理する」(第五一条)と放送法に書かれているからだ。しかし実際には会長はすべての番組をチェックするわけではなく、その権限は徐々に下に降りていく形となる。その間に、きわめて恣意的な編集権の行使が行なわれる余地を残す。それが政治の介入を招くこともももちろんあるし、権力の顔色を見る現場責任者の判断で番組が制作されることも、もちろんありうる。

大阪の印刷工場の従業員が胆管癌で相次いで死亡していることを私が取材し、それを「ニュースウオッチ9」で報じるために準備をしていたときのことは、すでに触れた。これは編集権について考えるうえでも示唆に富むので、再度書いておきたい。それは、放送する企画の動画編集が終わり、編集長と試写をしていたときのことだった。編集室に、「ニュース7」の編集長が飛び込んできた。そして大声で言った。

「おい、タイチ(ニュースウオッチ9の編集長の呼び名)、こんな、当局が捜査に動いていない話を本当にやるのか?」

「ニュース7」の編集長は社会部で「タイチ」編集長の先輩だ。「タイチ」編集長が動じるわけがないのは、私の取材を知っていちはやく「ニュースウオッチ9」でやろうと言ってきたのが彼だったからだ。「タイチ」編集長が「はい」と簡潔に応じると、「ニュース7」の編集長は「セブンではやらないからな」と言い放って編集室を出ていった。たしかに、この問題が大きな社会問題となった後も、「セブン」で報じられることはなかった。

これなどは、会長の持つ編集権を番組の編集長が代行して判断したものと言っていいだろう。もちろん、原因となった化学物質の規制や胆管癌で死亡した従業員や遺族の救済に国が乗り出すきっかけとなるニュースをいちはやく出す「ニュースウオッチ9」の判断も、番組編集長が会長の権限を代行したものであり、制度が問題というより、権限を行使する人間の問題なのかもしれない。

以上、いろいろと書いてきた。

最後に、NHKはどうあるべきなのか、少し自分の意見を述べてみたい。

私は、開設の当初に戻るべきだと考えている。それは東京放送局ができ、大阪に大阪放送局、名古屋に名古屋放送局ができた三局並立の時代だ。この時代、各局が自主編成を貫いていたことが知られており、それぞれに独自色があった。巨大で「あまねく誰をも聴取者=国民とする国家メディア」としてのNHK

ではなく、適正規模で地域を支える放送局だ。そのうえで、各局に特色があっても良いだろう。東京放送局は報道、大阪放送局は文化、芸能に力を入れる。関ケ原や明治村に近い名古屋は首都圏と関西のどちらとも近いという地の利を活かしてドラマ制作に力を入れても良いだろう。そういえば、中学生日記は名古屋局が制作していた。もちろん、各局が協力して番組を制作することはありうるだろう。大事なことは、巨大さを追求した官僚機構としてのＮＨＫに終止符を打つことだ。それは現在のＮＨＫのような「ユニバーサル」（ＮＨＫの経営陣がときおり使う言葉）、つまりあらゆるサービスを行なう巨大放送局ではなく、適正な規模で、公共性を常に意識した、地域の住民に寄り添った放送局となるだろう。

二〇二五年は放送開始から一〇〇年の節目の年だ。いま一度、ＮＨＫのあり方を考える機会とすべきだ。本書がそのきっかけの一つになってくれたら本望だ。

本書の執筆にあたっては多くの方の協力を得た。取材に応じてくれたＮＨＫの関係者の実名をここに掲載することはできないが、その一人ひとりに謝意を表したい。「指南書」の取材では当時、西日本新聞で取材にあたった長谷川彰氏、宮崎昌治氏にご迷惑をおかけした。宮崎氏には書籍化にあたって再度、お時間をいただいた。感謝しかない。また、経営委員会については堀部政男氏だからこそ明らかにできた内容だと考えている。堀部氏の真摯な姿勢から語られる内容は証言として重みを感じる。感謝したい。この取材の多くで付き合ってくれたのは、小学館の編集者で友人の桜井健一氏だ。漫画雑誌の編集者である桜井氏はNHKを題材にした漫画にしたいと考えているようで、今後、ここに書いた内容のどこかが漫画になるかもしれない。それはそれで楽しみだ。

取材内容の一部は日刊ゲンダイに書かせてもらった。長く担当を務めてくれた米田龍也氏、編集者の西垣成雄氏にお世話になった。

「あとがき」で放送史を紐解いているが、メディアを歴史的に検証する手法は京都大学名誉教授の佐藤卓己氏からご指導いただいたものだ。本書はメディア史の研究書ではないが、今後、NHKをメディア史的に研究する必要性を感じている。学恩に報いるためにも頑張りたい。

ところで、ここに書かれた内容はなかなか書籍にならなかった。もちろんそれは、売れないからだろう。それを書籍にしようと言ってくれたのが地平社の熊谷伸一郎氏だった。熊谷氏との出会いは、国谷裕子さんを通じて、当時、氏が編集者だった月刊『世界』に執筆したことが最初だった。その後、氏が編集長となった『世界』に何度か書かせていただいた。また、私のライフワークの一つであるファクトチェックについて、『ファクトチェックとは何か』（岩波ブックレット）を書かせてくれたのも熊谷氏だった。その熊谷氏が独立して最初の年という重要な時期にこの本を世に出そうと決断してくれたことに、謝意のみならず敬意を表したい。

最後は月並みだが、家族への感謝でしめくくることをお許しいただきたい。考えてみれば、職のあてもなく先行きに不安しかない状態でＮＨＫを辞めたときも、何ひとつ不満を言わずに私をアメリカに送り出してくれた。感謝しかない。せめてもの償いの気持ちとともに、この本を家族に、そして、本の完成を見ずに世を去った父に捧げたい。

立岩陽一郎（たていわ・よういちろう）
ジャーナリスト。大阪芸術大学短期大学部教授。ネットメディアInFact編集長として、ファクトチェックや調査報道に取り組む。1991年一橋大学卒業。放送大学大学院修士課程修了。NHKでテヘラン特派員、社会部記者、国際放送局デスクに従事し、政府が随意契約を恣意的に使っている実態を暴き随意契約原則禁止のきっかけを作ったほか、大阪の印刷会社で化学物質を原因とした胆管癌被害が発生していることをスクープ。「パナマ文書」取材に関わった後にNHKを退職。『コロナの時代を生きるためのファクトチェック』（講談社）、『ファクトチェックとは何か』（岩波書店）など著書多数。

NHK 日本的メディアの内幕

2024年7月19日──初版第1刷発行

著者……………………立岩陽一郎《たていわよういちろう》

発行者………………熊谷伸一郎

発行所………………地平社
〒101−0051
東京都千代田区神田神保町1丁目32番 白石ビル2階
電話：03−6260−5480（代）
FAX：03−6260−5482
www.chiheisha.co.jp

デザイン…………赤崎正一（組版協力＝国府台さくら）

印刷製本…………モリモト印刷

ISBN978-4-911256-08-4 C0036

地平社

東海林 智 著

ルポ 低賃金

四六判二四〇頁／本体一八〇〇円

アーティフ・アブー・サイフ著 中野真紀子 訳

ガザ日記

ジェノサイドの記録

四六判四一六頁／本体二八〇〇円

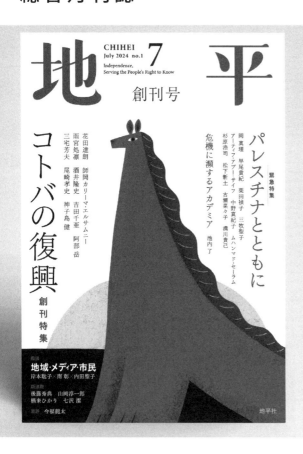